Madagaskar-Buntfrösche
Die Gattung *Mantella*

Andreas Altenmüller

Inhaltsverzeichnis

Vorwort 5
Wissenswertes über Mantellen 6
Die Aufgabe der Terraristik 6
Hautgifte 7
Die einzelnen Arten und ihr jeweiliger Schutzstatus 8
Verhalten in Lebensraum und Terrarium 8
Forschung 11
Gerüchte und Fehlinformationen 11
Gefährdung und Schutzmaßnahmen 13
Gesetze 15
Strategien für Schutzmaßnahmen 17
Erhaltungszucht *in situ* 18
Erhaltungszucht *ex situ* 21
Haltung und Pflege 22
Wie erkenne ich, ob ich ein gesundes Tier bekomme? 24
Allgemein 24
Körperform und Körperhaltung 25
Vorbereitungen 26
Transport 26
Quarantäne 27
Umgang mit Mantellen 28
Genetik und Vergesellschaftung 29
Art und Größe der Becken 30
Einrichtung 32
Klima und Temperaturen 34
Feuchtigkeit und Belüftung 36
Licht und Beleuchtung 37
Wasserteil 38
Sauberkeit 39
Fäulnis 41
Schimmel 41
Nützlinge 41
Futter und Fütterung 44
Beute in der Natur 45
Futter im Terrarium 46
Ofenfischchen (*Thermobia domestica*) 46
Fruchtfliegen (*Drosophila*) 47
Micro-Heimchen (*Acheta domesticus*) 48
Springschwänze (Collembola) 49
Weiße Asseln (*Trichorhina tomentosa*) 49
Spinnen 50
Ameisen 50

Blattläuse 50
Speisemotten 51
Wachsmaden (*Galleria mellonella*) 51
Bohnenkäfer (*Bruchus quadrimaculatus*) 51
Wiesenplankton 51
Versorgung der Futtertiere 53
Vitamine und Mineralstoffe 53
Fütterung 54
Mantellen erfolgreich nachzüchten 56
Geschlechtsbestimmung 58
Voraussetzungen für die Nachzucht 58
Stimulation 59
Vergrößerung der Gruppe 59
Erhöhung der Raumtemperatur 59
Verlängerung der Tageslichtdauer 60
Erhöhung der Luftfeuchtigkeit 60
Erhöhung des Futterangebotes 61
Umgestaltung des Terrariums und Anbieten zusätzlicher Eiablagemöglichkeiten 61
Eiablage 62
Eiablagestellen 63
Zeitpunkt und Ablauf der Eiablage 65
Gelegegröße und Größe der Eier 68
Entwicklung der Eier 69
Entwicklung der Quappen 72
Futter 73
Wasser 74
Versorgung der Quappen 75
Jungfrösche 78
Färbung 78
Größe 78
Futter 80
Probleme 81
Krankheiten und Probleme 82
HRMSS 82
Darmvorfall 82
Augentrübung 83
Innenparasiten 83
Mineralstoff- und Vitaminmangel 84
Hautverletzungen 84
Ödeme 85
Hautveränderungen 85
Fehl- und Missbildungen bei Quappen und Jungfröschen 86
Stress 88
Temperaturabhängige Erkrankungen 89

Vergiftungen . . . 89
Chytrid . . . 89
Entweichen . . . 90
Artporträts . . . 92
Mantella aurantiaca . . . 92
Mantella baroni . . . 100
Mantella bernhardi . . . 108
Mantella betsileo . . . 112
Mantella cowanii . . . 116
Mantella crocea . . . 120
Mantella ebenaui . . . 124
Mantella expectata . . . 128
Mantella haraldmeieri . . . 136
Mantella laevigata . . . 140
Mantella madagascariensis . . . 152
Mantella manery . . . 158
Mantella milotympanum . . . 160
Mantella nigricans . . . 164
Mantella pulchra . . . 170
Mantella viridis . . . 176
Weitere Informationen . . . 186
Verwendete und weiterführende Literatur . . . 188

Bildnachweis
Titelbild: *Mantella pulchra* Foto: shutterstock.com, Dudarev Mikhail
Hintergrund: Haut von *Mantella aurantiaca* Foto: A. Altenmüller
Rückseite (von oben nach unten): Terrarium zur Haltung von Mantellen Foto: A. Altenmüller; Landgänger von *Mantella aurantiaca* Foto: A. Altenmüller; *Mantella aurantiaca* Foto: arco-images.com, imageBROKER

ISBN: 978-3-86659-263-6

An der Kleimannbrücke 39/41
48157 Münster
www.ms-verlag.de

Geschäftsführung: Matthias Schmidt
Lektorat: Kriton Kunz & Heiko Werning
Layout: Mirko Barts, Geitje Enterprises LLC
Druck: Pario Print, Krakau

Vorwort

Mein Entschluss, ein Buch über die 16 Arten der Gattung *Mantella* zu schreiben, kam zustande, weil es bislang außer dem 2001 auf Englisch erschienenen Buch „Mantellas“ von Marc Staniszewski kaum erwähnenswerte Literatur über diese so schönen und in der Haltung interessanten Frösche gab. Wahrscheinlich haben sich leider auch gerade deshalb in der Terraristik über Jahrzehnte hinweg einige Fehlinformationen über die Pflege und Zucht der Madagassischen Buntfröschchen gehalten.

Meine Liebe zu Fröschen begann bereits im Kindesalter. Unterstützt und gefördert von meinen Eltern, bekam ich bereits mit elf Jahren mein erstes Froschterrarium zu Weihnachten geschenkt. Mit 18 Jahren entdeckte ich in dem Zoogeschäft, in dem ich regelmäßig meine Futtertiere kaufte, eine Gruppe von *Mantella aurantiaca*, und kaufte 1992 vier Exemplare – der Beginn meiner nun über zwanzigjährigen Erfahrung mit Buntfröschchen.

Das persönliche Umfeld ist extrem wichtig für eine erfolgreiche Froschhaltung. Dies wurde mir nicht nur durch die Unterstützung meiner Eltern in jungen Jahren, sondern besonders auch durch die meiner Frau Linda bewusst. Nachdem wir bereits im Jahre 2006 unsere Hochzeitsreise auf Madagaskar verbracht hatten, unter anderem um den Lebensraum von *Mantella aurantiaca* zu besuchen, gestattete sie mir, die ehemalige Küche unserer aktuellen Wohnung in ein Froschzimmer mit 14 Terrarien und ausreichend Platz für die Aufzucht der Quappen umzuwandeln. Nur durch ihre Unterstützung und Akzeptanz war es mir möglich, insgesamt zehn *Mantella*-Arten zu halten, von denen mir bis heute bei sieben die Zucht gelang.

Aber auch Experten wie Dr. Rainer Dolch, den wir auf unserer ersten Reise nach Madagaskar kennenlernen durften, haben zur Entstehung dieses Buches beigetragen. Er leitet das Projekt der Association Mitsinjo in Andasibe, das unter anderem direkt zum Schutz der Lebensräume einiger *Mantella*-Arten beiträgt. Er hat uns auf zahlreichen Exkursionen zu den unterschiedlichsten *Mantella*-Habitaten begleitet und viel zu meinem Wissen über die Frösche dieser Gattung und ihre Lebensweise beigetragen. Auch er ist nicht ganz unbeteiligt daran, dass bei mir eine große Leidenschaft für die Menschen, das Land, die Kultur und die Natur Madagaskars entstanden ist. Zu ihm und seiner Frau hat sich eine Freundschaft entwickelt, und seine Arbeit auf Madagaskar ist für mich eine zusätzliche Inspiration, mich für den Erhalt von Mantellen einzusetzen. Für all dies möchte ich ihm danken.

Ich hoffe, dass ich durch dieses Buch mein Wissen und meine Erfahrungen, die ich über die Lebensweise und Nachzucht dieser interessanten Frösche sammeln konnte, weitergeben kann. Vielleicht trägt es dazu bei, das Interesse bei möglichst vielen Terrarianern an den farbenfrohen und interessanten Frösche der Gattung *Mantella* zu wecken.

Autor Andreas Altenmüller
Foto: K. Köpp

Wissenswertes über Mantellen

Um Tiere artgerecht halten zu können, ist es nötig, sich zunächst über ihre Herkunft und ihre Lebensweise zu informieren – denn nur daraus lassen sich die Faktoren ableiten, die wir ihnen auch im Terrarium bieten müssen. Darum stelle ich Ihnen im Folgenden die Gattung *Mantella* insgesamt vor.

Die Aufgabe der Terraristik

Die 16 heute bekannten Arten der madagassischen Buntfröschchen der Gattung *Mantella* leben endemisch auf der Insel Madagaskar, kommen also nur dort vor. Ihre Körpergröße liegt meist zwischen 2 und 3 cm. In den 1980er- und 1990er-Jahren war ohne Zweifel das Sammeln der Frösche in ihren Habitaten die Hauptgefährdungsursache für viele Arten. Beispielsweise im Jahr 1998 wurden laut UNEP-WCMC-Datei (2005) über 30.000 *Mantella aurantiaca* aus Madagaskar exportiert. Heute sind der IUCN Red List (www.iucnredlist.org) zufolge der Klimawandel und die Zerstörung der meist kleinen Lebensräume durch Holzeinschlag, Grasen von Weidevieh, Anbau von Lebensmitteln, Köhlerei sowie Besiedelung von Menschen die wichtigsten Gründe dafür, dass einige Art dieser Gattung vom Aussterben bedroht sind.

Von einem madagassischen Künstler hergestellte Batik, die alle 16 *Mantella*-Arten zeigt, *Mantella milotympanum* sogar in zwei Farbvarianten
Foto: A. Altenmüller

Neben dem Erhalt der Lebensräume sollte versucht werden, die Tiere in Menschenhand zu vermehren und so einen gesunden Bestand in den Terrarien zu erhalten. Ein Problem hierbei ist die geringe Anzahl von Exemplaren, die heute noch in der Terraristik zu finden ist. Da erscheint es schon fast ironisch, dass z. B. die *Mantella aurantiaca*, die den heutigen Zuchtstamm sicherten, größtenteils aus einer Beschlagnahmung geschmuggelter Exemplare stammen.

Neben der Nachzucht ist es aber mindestens ebenso wichtig, die Öffentlichkeit zu informieren und Interesse für diese wunderschönen Frösche zu wecken.

Hautgifte

Anfänglich wurden *Mantella betsileo*, *M. ebenaui*, *M. cowani* und *M. baroni* aufgrund ihrer bunten Färbung und der geringen Größe für parallel entwickelte Arten der neuweltlichen Gattung *Dendrobates* (Baumsteigerfrösche) gehalten. Die Hautgifte umfassen zwar laut Daly et al. (1996) bei vielen *Mantella*-Arten ebenfalls die für Dendrobaten sogenannten Pumiliotoxine, allerdings glaubt man heute, dass die oft bunte Färbung der Tiere weniger der Abschreckung von Fressfeinden als vielmehr der Tarnung in den natürlichen Habitaten dient (Staniszewski 2001) – dieser zunächst absurd erscheinende Gedanke wird plausibel, wenn man einmal vor Ort versucht hat, die Frösche im Spiel von Licht und Schatten auf dem Waldboden auszumachen.

Dolch beobachtete im Dezember 2004, dass ein Exemplar von *M. aurantiaca* trotz der bekannten Hautgifte von einer Echse gefressen wurde, wahrscheinlich *Zonosaurus madagascariensis* (Madagaskar-Schildechse). Jovanovic et al. sahen im Januar 2007, wie eine Schlange der Gattung *Thamnosophis* ebenfalls ein Exemplar von *M. aurantiaca* verzehrte. Auch Heying hatte bereits 2001 beobachtet, dass auf Nosy Mangabe sowohl Nördliche Madagaskar-Boa (*Acranthophis madagascariensis*) als auch eine Madagaskar-Schildechse jeweils ein Exemplar von *M. laevigata* erbeuteten. In allen vier Fällen verursachten die Hautgifte bei den Fressfeinden keinerlei Anzeichen einer Wirkung.

Jugendfärbung von *Mantella expectata*
Foto: A. Altenmüller

Mantella madagagascariensis ist trotz oder vielleicht gerade wegen ihrer bunten Färbung sehr gut getarnt
Foto: A. Altenmüller

Die einzelnen Arten und ihr jeweiliger Schutzstatus

Die International Union for Conservation of Nature and Natural Resorces (IUCN) klassifiziert die Gefährdung bedrohter Arten in der Roten Liste gefährdeter Arten wie folgt:

(schwarz)	extinct	ausgestorben
(dunkelgrau)	extinct in the wild	in freier Wildbahn ausgestorben
(rot)	critically Endangered	vom Aussterben bedroht
(orange)	endangered	stark gefährdet
(gelb)	vulnerable	gefährdet
(grün)	near threatened	gering gefährdet / Vorwarnliste
(hellgrün)	least concern	nicht gefährdet
(dunkelblau)	data deficient	keine ausreichenden Daten
	not evaluated	nicht bewertet

Jovanovic et al. (2007) unterteilen die Gattung aufgrund von Ergebnissen genetischer Untersuchungen in folgende Gruppen:

Mantella-madagascariensis-Gruppe:

- *Mantella aurantiaca* (vom Aussterben bedroht)
- *Mantella crocea* (stark gefährdet)
- *Mantella madagascariensis* (gefährdet)
- *Mantella milotympanum* (vom Aussterben bedroht)
- *Mantella pulchra* (gefährdet)

Mantella-baroni-Gruppe:

- *Mantella baroni* (nicht gefährdet)
- *Mantella cowanii* (vom Aussterben bedroht)
- *Mantella haraldmeieri* (gefährdet)
- *Mantella nigricans* (nicht gefährdet)

Mantella-laevigata-Gruppe:

- *Mantella laevigata* (gering gefährdet / Vorwarnliste)
- *Mantella manery* (gefährdet)

Mantella-bernhardi-Gruppe:

- *Mantella bernhardi* (stark gefährdet)

Mantella-betsileo-Gruppe:

- *Mantella betsileo* (nicht gefährdet)
- *Mantella ebenaui* (keine ausreichenden Daten)
- *Mantella expectata* (vom Aussterben bedroht)
- *Mantella viridis* (vom Aussterben bedroht)

Verhalten in Lebensraum und Terrarium

Alle Arten der Gattung *Mantella* sind sich in Größe, Erscheinung und Verhalten sehr ähnlich. Die einzige Ausnahme bildet *M. laevigata*, die nicht wie alle anderen Arten in Bodennähe lebt, sondern laut Glaw & Vences (2007) kletternd bis zu einer Höhe von 4 m in Bäumen und in Bambuswäldchen. Aufgrund ihrer Lebensweise besitzen die Vertreter dieser Art im Gegensatz zu allen anderen Mantellen verbreiterte Haftscheiben an Zehen und Fingern und haben auch ihr Brutverhalten an das Leben in der Höhe angepasst: Während die übrigen Spezies ihre Gelege von 30–130 Eiern geschützt im Bodenbereich in unmittelbarer Nähe eines Gewässers oder einer Pfütze absetzen, deponiert *M. laevigata* jeweils 1–4 einzelne Eier in abgebrochenen, mit Wasser gefüllten Bambusstämmen, Blatttrichtern oder Asthöhlen. Die Eier werden 5–10 mm oberhalb der Wasseroberfläche angebracht, sodass die entwickelten Quappen in das kleine Gewässer gelangen können. Während keine der anderen *Mantella*-Arten ein Brutpflegeverhalten bezüglich ihrer Kaulquappen zeigt, sagt man *M. laevigata* nach, dass die Weibchen die Quappen mit unbefruchteten Nähreiern versorgen. Vereinzelt konnte ich Männchen von z. B. *M. nigricans* und *M. madagascariensis* dabei beobachten, wie sie in den Laichhöhlen bei oder auf den Gelegen saßen und diese zu bewachen schienen.

Ein Männchen von *Mantella madagascariensis* vor einer eigens für die Eiablage geschaffenen Höhle
Foto: A. Altenmüller

Jungfrösche bestimmter Arten zeigen teilweise sehr auffälliges Verhalten. So scheinen z. B. die Jungen von *M. expectata* und *M. viridis* eine Art Kletterreflex bei Regenfällen zu haben: Beim Beregnen meiner Terrarien klettern sie an den Seiten- und Rückwänden empor oder suchen offenbar auf erhöhten Einrichtungsgegenständen Schutz. Diese Verhaltensweise könnte in den Gegebenheiten der Lebensräume begründet liegen: *Mantella expectata* z. B. lebt im Isalogebirge in felsigem Gelände, wo das Wasser nicht versickern kann, sondern sich in Rinnen und Vertiefungen zu regelgerechten Sturzbächen sammelt. Da die Frösche in Grasbüscheln neben Wasseransammlungen leben, schützt sie dieses Verhalten wahrscheinlich vor dem Ertrinken.

Ebenfalls interessant ist, dass sich einige Exemplare von *M. aurantiaca* und *M. madagascariensis* bei mir in der Nacht immer wieder zum Schlafen auf kleine Blätter von Pflanzen zurückziehen. Ich nehme an, dass dieses Verhalten ebenfalls zum Schutz dient. Die meisten Exemplare dieser Arten schlafen allerdings in kleinen Höhlen oder Verstecken im Bodenbereich oder an den Rück- und Seitenwänden.

Einige Arten besitzen in den Kniekehlen sogenannte Schenkelflecken, die bei gestreckten Oberschenkeln sichtbar werden. Meist sind sie orange oder rot. Ich konnte allerdings bisher nur bei *M. pulchra* eine Art Schreckstellung beobachten, bei der das Tier die Vorderbeine leicht beugte, die Schnauze Richtung Boden drückte und die Hinterbeine schnell im Wechsel beugte und streckte, während es den Rücken rund machte. Durch das abwechselnde Beugen und Strecken der Hinterbeine werden die Schenkelflecken immer wieder kurz sichtbar und blinkten wie ein Signal kurz auf. Es würde wahrscheinlich zu weit gehen zu erwägen, dass das Krampfen von *M. aurantiaca* in Stresssituationen, bei dem die Hinterbeine

Männchen von *Mantella aurantiaca* beim Verlassen seines Versteckplatzes
Foto: A. Altenmüller

durchgestreckt werden und die Schenkelflecken gut sichtbar sind, ebenfalls eine Schutzreaktion sein könnte. Denn die Frösche springen zwar meist schon nach kurzer Zeit wieder relativ munter durch das Terrarium, aber leider führt das Krampfen auch oft zum Tod des Tiers. Im Englischen werden diese Flecken als „flashmarks" bezeichnet, also als „Blink-" oder „Blitzflecken" bzw. „-zeichen".

Interessant ist, dass bei Nachzuchttieren von *M. aurantiaca*, *M. pulchra* und *M. madagascariensis* die Flecken wie ausgeblichen wirken und meist gelb oder weißlich sind. Eines meiner Jungen von *M. pulchra* hat ein steifes Hinterbeinchen, wobei das Bein im Hüftgelenk 90° vom Körper weggestreckt und das Knie gestreckt ist. Am steifen Beinchen ist kein Schenkelfleck zu sehen, während er am gesunden Bein deutlich ausgebildet ist.

Schenkelflecken bei *Mantella aurantiaca* (Wildfangtier)
Foto: A. Altenmüller

Schenkelflecken bei *Mantella aurantiaca* (Nachzuchttier)
Foto: A. Altenmüller

Forschung

Frank Glaw und Miguel Vences haben zweifelsohne am meisten zur Erforschung der madagassischen Froscharten allgemein und speziell der Mantellen beigetragen. Allein die drei Auflagen ihres Buches „A Field Guide to the Amphibians and Reptiles of Madagascar", zeigen, was diese beiden Biologen an Informationen gesammelt und zusammengetragen haben. In Zusammenarbeit mit Olga Jovanovic veröffentlichten sie 2008 eine Arbeit, in der sie die Entwicklung der Erforschung madagassischer Amphibien beleuchten. Dafür untersuchten sie 1.383 herpetologische Arbeiten, von denen sich 396 auf Amphibien, 874 auf Reptilien und 113 gleichermaßen auf beide Gruppen konzentrierten. Während bis 1870 gerade einmal acht Froscharten aus Madagaskar beschrieben wurden, waren es 95 Spezies alleine im Jahre 1990. Erfreulich ist zu sehen, dass besonders in den beiden letzten Dekaden die Beteiligung madagassischer Co-Autoren deutlich zugenommen hat. Laut Glaw et al. (2008) existieren zudem viele exzellente und im Ergebnis wichtige Arbeiten madagassischer Studenten und Forscher, die bisher unveröffentlicht blieben.

Gerüchte und Fehlinformationen

Jahrelang haben sich gewisse Fehlinformationen über Mantellen standhaft in der Literatur sowie in einschlägigen Foren gehalten und ausgebreitet. Dies geschah wohl, da auch heute noch zu wenig über die Arten dieser Gattung bekannt ist und viele Autoren sich unkritisch von früheren Veröffentlichungen leiten ließen. Folgenden Gerüchten möchte ich hiermit endlich ein Ende bereiten:

Gerücht 1: „Mantellen, allen voran *M. aurantiaca*, sind extrem stressanfällig und sterben teilweise beim Herausfangen aus dem Terrarium nach einem einzigen Sprung an Krämpfen."

Mantellen leiden zwar tatsächlich recht häufig an krampfartigen Anfällen, die, wenn nicht umgehend richtige Maßnahmen ergriffen werden, auch häufig zum Tod führen können. Allerdings geschieht dies hauptsächlich bei sehr jungen Tieren in den ersten Wochen nach der Metamorphose oder bei schwachen Exemplaren und ist meiner Meinung nach immer auf falsche Haltungsbedingungen zurückzuführen, nämlich meist auf nicht artgerechte Temperaturen und/oder eine unzureichende Versorgung mit Vitaminen und Mineralstoffen bzw. eine zu einseitige Fütterung. Unter optimalen Bedingungen dagegen sind Mantellen wenig stressanfällig. Gesunde Individuen zeigen selbst bei recht langen Fangaktionen keinerlei Probleme.

Auch ausgewachsene Tiere können unter Krämpfen leiden. Marc Staniszewski beschrieb dieses Krankheitsbild 2001 in seinem Buch „Mantellas" als HRMSS (Heat Related Muscle Spasm Syndrom). Ich werde im Kapitel „Krankheiten und Probleme" intensiver darauf eingehen.

Gerücht 2: „Mantellen reagieren sehr sensibel auf hohe Temperaturen und sterben dann recht schnell."

Wie bereits im Absatz zuvor beschrieben, kann es bei zu hohen, aber auch bei zu geringen Haltungstemperaturen zu dem sogenannten HRMSS kommen. Allerdings ist dabei zu beachten, dass Arten wie *M. ebenaui* und *M. laevigata* an der Küste leben, wo die Temperaturen deutlich höher sind als im Hochland und nicht selten 30 °C übersteigen.

Ich lebte früher in einer Dachgeschosswohnung mit großem Südwest-Fenster, in der die Temperaturen im Sommer nicht selten über 40 °C betrugen und wo durch schlechte Belüftungsmöglichkeiten eine nächtliche Abkühlung kaum zu erreichen war. Unter 1–2 Wochen alten Landgängern, die ich in kleinen Dosen mit 2–3 mm Wasserstand hielt, verzeichnete ich unter diesen Bedingungen eine extrem hohe Sterblichkeitsrate – den Tieren standen hier keine Rückzugsmöglichkeiten zur Verfügung. Meine adulten Frösche hingegen hatten mit den hohen Temperaturen keinerlei Probleme, und zwar *M. aurantiaca*, *M. pulchra*, *M. betsileo*, *M. madagascariensis* und *M. viridis*. Wichtig ist allerdings zu betonen, dass diese Frösche in großen, gut eingerichteten Terrarien untergebracht waren, denn Mantellen müssen sich extremen Klimabedingungen entziehen können. In der Gegend um Andasibe, in der *M. aurantiaca*, *M. pulchra*, *M. crocea*, *M. baroni* und *Mantella milotympanum* leben, sinken die Temperaturen zu bestimmten Jahreszeiten in der Nacht teilweise bis auf 5 °C. Wie mir Dr. Rainer Dolch (2006) mitteilte, vergräbt sich z. B. *M. aurantiaca* in solchen Phasen bis ca. 1 m tief zwischen *Pandanus*-Wurzeln in der lockeren Laub- und Erdschicht. Ähnlich verhalten sich meine Exemplare bei zu hohen Temperaturen. Sie ziehen sich dann an kühle, feuchte Plätze zurück. Ein Mantellenterrarium muss darum gut bepflanzt sein und sollte viele Versteckplätze aufweisen.

Exemplar von *Mantella aurantiaca*, das sich bei hohen Temperaturen in eine Erdhöhle zurückgezogen hat
Foto: A. Altenmüller

Übrigens ist es nicht sinnvoll, Temperaturen unter 16 °C zu bieten, da dies häufig zu Stoffwechselproblemen und später zum Tod der Tiere führt.

Gerücht 3: „Gelege von Mantellen sind sehr lichtempfindlich und sterben bei Lichteinfall ab.“

Fakt ist, dass Mantellen ihre Gelege meist in lichtgeschützten Höhlen oder Verstecken absetzen. Dies erfüllt meines Erachtens aber eher eine Art Brutkastenzweck, denn in solchen Unterschlüpfen bleiben Temperatur und Feuchtigkeit relativ konstant und die Eier sind gut vor Fressfeinden geschützt. Ich hole die Eier relativ häufig nach der Ablage aus dem Terrarium heraus und bringe sie in klarsichtige Dosen ein, in denen die Luftfeuchtigkeit gut hochgehalten werden kann. Und zum Fotografieren benutze ich grundsätzlich einen Blitz. Solche Gelege entwickeln sich ohne Probleme. Gleiches gilt für Eier, die von vornherein nicht lichtgeschützt abgesetzt wurden: Im vergangenen Jahr laichten meine *M. auran-*

Mantella aurantiaca vor einem Gelege, das unter Moos versteckt ist
Foto: A. Altenmüller

tiaca auf einem Farnblatt. Das Gelege hing wie ein Tropfen von diesem Blatt, völlig ungeschützt vor Lichteinfällen, und alle Eier entwickelten sich hervorragend.

Zwar ist die Rate unbefruchteter Gelege auch unter scheinbar optimalen Bedienungen recht hoch, doch die Ursachen hierfür sind nicht bekannt. Ich hatte schon Jahre, in denen fast alle Gelege unbefruchtet waren und/oder keinerlei Anzeichen von Entwicklung zeigten. Mit Lichteinfall hängt dies jedoch sicher nicht zusammen.

Gerücht 4: „*Mantella laevigata* besitzt ein ähnlich entwickeltes Brutpflegeverhalten wie manche Pfeilgiftfrösche in Mittel- und Südamerika und ernährt die Quappen ausschließlich mit unbefruchteten Nähreiern."

Da die Quappen von *M. laevigata* Eier der eigenen Art verzehren, wäre eine solche Vermutung naheliegend. Die Quappen von *M. laevigata* fressen denn auch tatsächlich Eier der eigenen Art, allerdings glaube ich nach meinen Erfahrungen und Beobachtungen nicht an eine gezielte ausschließliche Fütterung durch die Weibchen. Von Zeit zu Zeit befinden sich Eier in den kleinen „Baumteichen" der Quappen, die auch des Öfteren als Nahrung genutzt werden. Man findet aber auch regelmäßig Eier in den Wasseransammlungen, die nicht von den Quappen gefressen werden. Im Gegensatz zu bestimmten Pfeilgiftfroschlarven sind die Quappen von *M. laevigata* auch keine ausschließlichen Eifresser. Mir scheint eher, dass der Kot der Elterntiere, hereingefallene Pflanzenteile und ertrunkene Insekten die Hauptnahrung bilden. Sie lassen sich außerhalb des Terrariums problemlos nur mit *Spirulina*-Tabletten aufziehen. Zudem sind in den von mir als Brutgelegenheit angebotenen Kokosnüssen teilweise bis zu fünf Quappen in unterschiedlichen Entwicklungsstadien zu finden, was ebenfalls darauf hinweist, dass nachfolgend gelegte Eier von den zuerst geschlüpften Quappen nicht gefressen wurden.

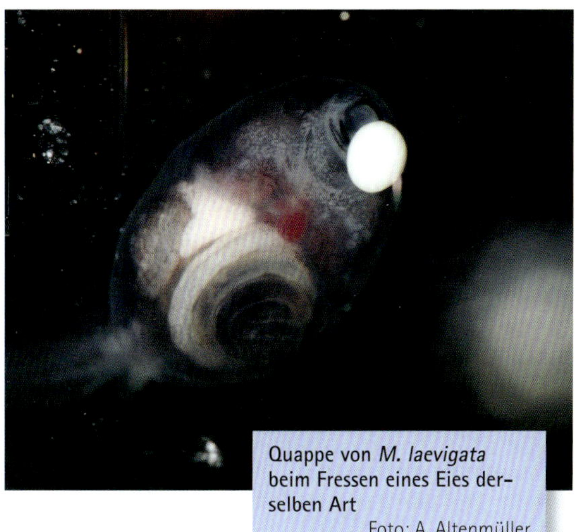

Quappe von *M. laevigata* beim Fressen eines Eies derselben Art
Foto: A. Altenmüller

Gefährdung und Schutzmaßnahmen

United Nations Environment Program (UNEP) und World Conservation Monitoring Centre (WCMC) veröffentlichten 2005 eine Übersicht über den Handel mit Mantellen (siehe Tabelle). Wie aussagekräftig diese Daten sind, sei dahingestellt. Ein Problem dabei ist, dass vor 1995 *M. aurantiaca* und vor 2000 alle anderen *Mantella*-Arten noch nicht unter Anhang B des Washingtoner Artenschutzabkommens fielen, daher also nicht aufgezeichnet wurde, wie viele Individuen tatsächlich in den Export gelangten. Außerdem wurden einige Frösche vor und nach dem Export nicht korrekt bestimmt. Dies wird besonders auf *M. milotympanum* (als *Mantella aurantiaca* exportiert) und wohl auch auf *M. baroni* sowie *M. pulchra* zutreffen, die unter *M. madagascariensis* gehandelt wurden. Offen bleibt des Weiteren die Zahl nicht erfasster Tiere, die entweder geschmuggelt wurden oder vor dem Export verendeten. Allein hier schätze ich die Dunkelziffer weitaus höher als die Anzahl derjenigen Exemplare, die tatsächlich exportiert wurden. Hellmut Kurrer erzählte mir, dass bei Antananarivo zeitweise drei Exporteure ihren

Spezies	1994	1995	1996	1997	1998	1999	2000	2001	2002	2003	Gesamt	%
Mantella spp.	0	0	0	230	620	200	6.760	9.853	1.420	1.291	20.374	8,71
M. aurantiaca	100	11.965	16.693	17.406	31.941	8.850	11.445	10.335	4.780	2.681	116.196	49,68
M. baroni	0	0	0	0	0	0	0	0	10	650	660	0,28
M. bernhardi	0	0	0	0	0	30	490	1.005	650	60	2.235	0,96
M. betsileo	0	0	0	1.000	435	175	150	4.040	1.215	1.465	8.480	3,63
M. cowani	0	0	0	0	52	150	425	975	1.520	500	3.622	1,55
M. crocea	0	0	0	0	395	250	1.157	1.750	630	100	4.282	1,83
M. expectata	0	0	0	100	624	105	1.260	1.790	2.585	1.100	7.564	3,23
M. haraldmeieri	0	0	0	0	0	0	240	310	380	350	1.280	0,55
M. laevigata	0	0	0	100	435	415	2.537	2.795	1.170	1.581	9.033	3,86
M. madagascariensis	0	0	0	125	2.182	1.535	6.195	8.805	5.945	4.848	29.635	12,67
M. milotympanum	0	0	0	0	0	0	0	0	1.270	1.780	3.050	1,30
M. nigricans	0	0	0	100	200	0	155	490	80	0	1.025	0,44
M pulchra	0	0	0	0	748	905	3.277	4.430	2.990	2.560	14.946	6,39
M. viridis	0	0	0	125	690	385	1.951	3.825	2.495	2.040	11.511	4,92
Gesamt	100	11.965	16.693	19.186	38.358	13.000	36.042	50.403	2.740	21.006	23.3893	100

Handel von Mantellen laut UNEP-WCMC-Handelsdatenbank (2005), rot markiert die auffälligsten Maxima

Sitz hatten und von Fängern mit einer großer Anzahl von Tieren versorgt wurden, die für den Export bestimmt waren. Meist bekam aber nur ein Exporteur die Papiere für eine bestimmte Froschart, sodass die anderen auf ihren Exemplaren sitzen blieben.

Die größte Gefahr für *M. aurantiaca* besteht in der Suche nach Gold, bei der die kleinen und sensiblen Habitate zerstört werden Foto: K. Köpp

Die Tabelle soll dennoch veranschaulichen, wie viele Individuen in den Tierhandel gelangten. In diesem Zusammenhang ist es erschreckend, dass von einer Froschart wie *M. aurantiaca*, die in Menschenobhut eine Lebenserwartung von bis zu 20 Jahre haben kann, nur sieben Jahre, nachdem fast 32.000 Individuen aus Madagaskar importiert worden waren, lediglich noch wenige Frösche in europäischen Terrarien überlebt hatten.

Eine Begrenzung des Handels ist daher sinnvoll, auch wenn Vences et al. (2004) berichteten, dass die Anzahl der Individuen von *M. aurantiaca* und *M. milotympanum* in deren Lebensräumen weiterhin sehr zahlreich war, obwohl dort über Jahre hinweg massiv Frösche für den Tierhandel abgesammelt wurden.

Die Bedrohung durch den Tierhandel ist meiner Meinung nach dank der geltenden Artenschutzbestimmung zum Glück heute weniger das Problem. Die drohende Zerstörung der Lebensräume scheint mir eine größere Gefahr für die Frösche dieser Gattung darzustellen. Unter dem Punkt „Strategien und Schutzmaßnahmen“ werde ich genauer darauf eingehen.

Im weiteren Verlauf des Buches werde ich über ein Zuchtprojekt *in situ* berichten. Falls solche Projekte vor Ort erfolgreich sind, ist es sicher sinnvoll, auf Madagaskar gezüchtete Tiere für die Terrarienhaltung zu importieren. Allerdings sollte dann auch wirklich sichergestellt sein, dass es sich ausschließlich um nachgezüchtete Exemplare handelt und keine Wildfangtiere auf diesem Weg legalisiert werden.

Gesetze

Ausfuhr/Einfuhr

Alle *Mantella*-Arten stehen im Anhang B des Washingtoner Artenschutzabkommen. Dies bedeutet, dass der Handel mit ihnen eingeschränkt ist. Sollen Tiere aus Nicht-EU-Ländern wie Madagaskar als Herkunftsland ausgeführt und in die EU eingeführt werden, müssen von den zuständigen Behörden sogenannte CITES-Papiere ausgestellt werden. In Deutschland ist das Bundesamt für Naturschutz (BfN) für diese Genehmigungen zuständig. Informationen hierzu findet man auf der Internetseite des BfN unter **www.bfn.de**.

Meldepflicht

Für alle Arten der Gattung *Mantella* besteht in Deutschland eine Meldepflicht. Halter von Mantellen sind somit verpflichtet, den jeweils zuständigen Regierungspräsidien, Umweltbehörden oder Landesämtern jede Bestandsänderung mit entsprechendem Nachweis zu melden. Beim Erwerb von Mantellen jeder Art muss der Käufer einen sogenannten Kaufnachweis erhalten, auf dem folgende Informationen stehen sollten:

- Deutscher und wissenschaftlicher Name der Tierart
- Alter der Tiere
- Anzahl der Tiere
- Geschlecht der Tiere, so bestimmbar
- Besondere Merkmale der Tiere, so vorhanden
- Informationen über die Herkunft der Elterntiere bzw. bei Importen die Genehmigungsnummer der CITES-Papiere (Einfuhrgenehmigung), Datum des Imports sowie Name des Einfuhr- und des Ursprungslandes
- Name, vollständige Adresse und Unterschrift des Verkäufers, also Vorbesitzers, Züchters oder Importeurs, sowie des neuen Besitzers
- Datum und Ort der Übergabe der Tiere

Sowohl der neue wie auch der Vorbesitzer müssen dieses Dokument den entsprechenden Behörden in Kopie zur Meldung vorlegen sowie zum Nachweis bei möglichen Kontrollen aufbewahren. Dies gilt sowohl für Zugänge von Tiere wie auch bei Abgängen, ob die Frösche nun gekauft, gezüchtet oder verkauft wurden, gestorben oder entlaufen sind oder verloren wurden.

Leider wird diese Regelung teilweise von Bundesland zu Bundesland unterschiedlich gehandhabt. Vor dem Kauf von Mantellen sollte man sich daher unbedingt erkundigen, welche Gesetze im jeweiligen Bundesland gelten. Ähnliches gilt natürlich für die aktuelle Gesetzeslage in der Schweiz oder in Österreich.

Nützliche Informationen findet man auf folgenden Internetseiten:

www.bfn.de (Bundesamt für Naturschutz Deutschland)

www.cites.org (Convention on International Trade in Endangered Species of Wildlife Flora and Fauna)

www.bvet.admin.ch (Bundesamt für Veterinärswesen Schweiz)

www.lebensministerium.at (Umwelt- und Naturschutzgesetze Österreich)

www.iucn.org (Internatinal Union for Conservation of Natur)

Gesetze reichen nicht, die Zerstörung von Lebensräumen auf Madagaskar zu verhindern. Goldgräber brannten die Vegetation um einen kleinen Fluss nieder, um hier mit ihrem traditionellen „Tavy" Ackerland zu gewinnen und den Fluss besser zugänglich zu machen. Dass es sich hier um Eukalyptusbäume handelte, die mit ihrem Laub den Boden so verändern, dass heimische Arten nicht mehr wachsen können, ist schon fast ironisch.
Foto: A. Altenmüller

Zum Glück hat auch Madagaskar einige Regionen gesetzlich unter Schutz gestellt und zu Nationalparks ernannt. Hier der Marojejy-Nationalpark im Nordwesten Madagaskars.
Foto: A. Altenmüller

www.mantella-projekt.de

Herkunftsbestätigung zur Vorlage bei der zuständigen Artenschutzbehörde

Hiermit bestätige ich, dass ich folgende Tiere, die unter Anhang B des Washingtoner Artenschutzabkommens fallen, legal gezüchtet habe und sie von legalen Elterntieren abstammen. Sowohl Elterntiere, wie auch Nachzuchttiere sind bei meiner zuständigen Artenschutzbehörde, dem Regierungspräsidium Karlsruhe, Referat 55 in 76247 Karlsruhe, ordnungsgemäß gemeldet.

Name/Art	Anzahl	Geschlecht	Aktenzeichen	Alter/Schlupf	Land der Nachzucht
Mantella laevigata		- 0,0, -	55c2-885344		Deutschland

Züchter:

Andreas Altenmüller
Trützschlerstr.6
68199 Mannheim
Tel.: 0621/8547609
E-Mail: aaltenmueller@gmx.de

____
(Unterschrift)

Neuer Halter:

____
____
____
Tel.: ________________
E-Mail: ________________

____
(Unterschrift)

Beispiel für ein Nachweisformular für die Meldung von Mantellen bei den zuständigen Behörden
Grafik: A. Altenmüller

erfolgen. Um Frösche zu schützen und zu erhalten, muss den Menschen eine Perspektive gegeben werden. Viele Madagassen leben von weniger als 20 US-Doller im Monat und wissen nicht, wovon sie sich und ihre Familie in den nächsten Wochen ernähren sollen.

2012 sind vier Lebensräume von *M. aurantiaca* einem kanadischen Nickelbergbauunternehmen zum Opfer gefallen. 2013 werden vier weitere Lebensräume zerstört. Gleichzeitig drängen Goldgräber in den Bereich der Torotorofotsy-Sümpfe vor, wo diese Biotope liegen, und Reisbauern vergrößern ihre Felder, wodurch die verbleibenden Habitate ebenfalls gefährdet sind.

Meiner Meinung nach gilt es hier anzusetzen – aber dieselben Regierungen, die strenge Verordnungen über die Haltung von Tieren erlassen, streichen finanzielle Unterstützungen für Pro jekte von Nichtregierungsorganisationen auf Madagaskar, da dort seit 2009 keine demokratisch gewählte Regierung mehr regiert. Es sei allerdings ausdrücklich erwähnt, dass auf Madagaskar keine systematischen Menschenrechtsverletzungen zu beobachten sind und man sich als Tourist unbedenklich im Land bewegen kann, was bei deutschen Handelspartnern wie Russland und China nicht der Fall ist.

Dennoch gibt es Hoffnung, da sich immer noch Menschen mit viel Engagement dafür einsetzen, das Verschwinden der Frösche zu verhindern.

Strategien für Schutzmaßnahmen

Es existieren einige Strategien zum Schutz von Mantellen, u. a. die Erhaltungszucht *in situ* (vor Ort) und *ex situ* (außerhalb des natürlichen Lebensraums). In Deutschland wird derzeit über Einfuhrbeschränkungen und Haltungsverbote diskutiert, dabei aber meist völlig vergessen, dass wir die Tiere vor Ort in ihren Lebensräumen schützen müssen. Derartige Maßnahmen müssen jedoch unbedingt unter Einbeziehung der dortigen Bevölkerung

Brandrodung (Tavy) inmitten der Torotorofotsy-Sümpfe, um die Vergrößerung der Reisfelder vorzubereiten (November 2011)
Foto: A. Altenmüller

Erhaltungszucht *in situ*

Neue Denkansätze bringen erfolgversprechende Aussichten, bestimmte Froscharten zu schützen, u. a. auch verschiedene *Mantella*-Arten. Dr. Rainer Dolch und Devin Edmonds z. B. haben mit dem Projekt „Association Mitsinjo" in Andasibe die erste „biologisch sichere" Froschzuchtstation Madagaskars aufgebaut. Diese soll gleich mehrere Zwecke erfüllen:

– Es sollen Kapazitäten aufgebaut und Madagassen geschult werden, Epidemien wie Chytridiomykosen durch In-situ-Erhaltungszuchtprogramme zu bewältigen.

– Zuchtpopulationen gefährdeter Froscharten aus der Umgebung Andasibes sollen aufgebaut werden, um ihr zukünftiges Überleben zu sichern und nötigenfalls Gegenmaßnahmen zu ergreifen, um den Bedrohungen entgegenzuwirken, denen sie ausgesetzt sind.

– Haltungs- und Nachzuchtbedingungen lokaler Froscharten in Menschenobhut

Froschzuchtstation der Association Mitsinjo in Andasibe
Foto: A. Altenmüller

Zuchtbehälter in der Station
Foto: Mitsinjo

Die Kinder Madagaskars sind ein wichtiger Schlüssel, zukünftig den Erhalt von Mantellen und ihrer Lebensräume zu sichern
Foto: A. Altenmüller

sollen erforscht werden. Die Erkenntnisse sollen für zukünftige Erhaltungszuchtprogramme solcher Arten zur Verfügung stehen, die bisher noch nicht in menschlicher Obhut gehalten oder gezüchtet wurden.

In Zukunft wird die „Association Mitsinjo" einen kleinen Bereich mit Froschterrarien bauen. Hier können für Einheimische sowie Schulklassen Umwelterziehungsprogramme entwickelt werden, um den Menschen die einzigartige Amphibienwelt Andasibes näher zu bringen. Zusätzlich können Touristen, die Andasibe wegen des Artenreichtums und der dort beheimateten Indris besuchen, die Möglichkeit nutzen, seltene Froscharten zu sehen, die sonst auf den Naturwanderungen unentdeckt bleiben.

Da das Gebiet um Andasibe aufgrund seiner Artenvielfalt auch für Forscher sehr interessant

Ein Kinderbuch über *Mantella*

Ein ganz privates Projekt dreht sich um ein Kinderbuch, das ich für meine Tochter Emilia geschrieben habe. Es heißt „Die Geschichte vom kleinen, weißen Ei" und handelt von einem Ei von *M. aurantiaca*, das sich erst in eine Kaulquappe und später in einen kleinen Frosch verwandelt. Dies ist mit Makroaufnahmen der verschiedenen Entwicklungsstadien dargestellt. Die „Association Mitsinjo" hat das Buch ins Madagassische übersetzt und wir hoffen, dass es eines Tages gedruckt und an Schulen verteilt werden kann. Vielleicht lässt sich so bei der heutigen Generation das Interesse für Frösche wecken, denn nur so kann man langfristig die einheimische Bevölkerung dazu bringen, sich für den Schutz ihrer Amphibienfauna einzusetzen. Bleibt nur zu wünschen, dass die Frösche genügend Zeit haben.

ist, könnten langfristig bei der Froschzuchtstation eine kleine Forschungsstation mit Unterkünften und Labors für Biologen entstehen.

Die Bevölkerung wird durch die Integration in den Betrieb dieser Froschzuchtstation aktiv am Schutz der Amphibien beteiligt und hat zusätzlich die Möglichkeit, ihren Lebensunterhalt zu bestreiten. Man darf nicht vergessen, dass Madagaskar zu den ärmsten Ländern der Welt gehört. Vermittelt man diesen Menschen, dass die Natur, in diesem Falle die Amphibienwelt ihrer Region, etwas Besonderes ist, womit sie zudem Geld verdienen können, ändert man auch ihr Verständnis für die Natur.

Der Ansatz dieses Projekts basiert daher darauf, die lokale Bevölkerung auch in weitere Projekte mit einzubeziehen, etwa Wiederaufforstung von Regenwäldern, Aufbau von Schulen, Schulung von Bauern in Wechselwirtschaft etc. Diese Arbeit scheint mir extrem wichtig zu sein, da nur so sichergestellt ist, dass die Menschen eine Perspektive und einen bezahlten Job erhalten.

Der nächste wichtige Punkt ist eine gute Schulbildung. Nicht nur, dass ein Kind mit einer guten Allgemeinbildung bessere Chancen im Leben hat, sondern so können auch schon die Jüngsten erfahren, dass die Natur um sie herum etwas ganz Besonderes ist.

Dr. Rainer Dolch und Devin Edmond setzen sich mit dem Projekt „Association Mitsinjo" aktiv für den Erhalt vieler Lebensräume unterschiedlicher *Mantella*-Arten ein
Foto: A. Altenmüller

Ich war erstaunt, dass selbst viele Madagassen mit einem Hochschulabschluss nicht wissen, dass Frösche aus Kaulquappen entstehen. Wie soll jemand verstehen, dass er nicht nur die Frösche seiner Heimat schützen muss, sondern auch die Tümpel und Gewässer, in denen sie laichen und wo die Quappen aufwachsen, wenn solch grundlegendes Wissen fehlt?

Erhaltungszucht *ex situ*

Auch *ex situ* gibt es bereits einige Projekte. Der Verband Deutscher Zoodirektoren (VDZ) hat in Zusammenarbeit mit der Deutschen Gesellschaft für Herpetologie und Terrarienkunde (DGHT) vor einigen Jahren ein Erhaltungszucht-Projekt ins Leben gerufen, an dem ich selber mitarbeite und in das auch *M. aurantiaca* und *M. viridis* aufgenommen wurden.

Das Hauptproblem sehe ich dabei in dem sehr begrenzten Genpool an Mantellen, der uns heute noch zur Verfügung steht. Eine weitere Schwierigkeit ist die praktische Durchführung. Große Organisationen sind häufig sehr schwerfällig bei der Planung und der Umsetzung in die Praxis. Privatleuten hingegen fehlen sehr häufig die nötigen Kontakte, um effektiv arbeiten zu können.

Dennoch ist es begrüßenswert, dass eine Zusammenarbeit von Organisationen und Privatleuten heute möglich ist. Private Halter verfügen oft über eine langjährige Erfahrung, während Zoos und andere Organisationen über Möglichkeiten verfügen, die Privatleuten oft fehlen.

Zwei Arten, die im „Projekt Association Mitsinjo" betreut werden: *Mantella betsileo* ...

... und *Mantella nigricans*
Fotos: B. Trapp

Haltung und Pflege

Wenn Sie mit dem Gedanken spielen, Mantellen zu halten, sollten Sie vorab einige grundlegende Dinge bedenken:

Vor allem die bunte Färbung vieler Mantellen (hier *Mantella laevigata*) verleitet immer wieder dazu, diese Frösche im Terrarium halten zu wollen. Leider war es aber bislang meist schwierig, fachkundige Informationen über ihre Bedürfnisse zu bekommen.
Foto: A. Altenmüller

Besitze ich ausreichende Kenntnisse über die Tiere und ihre Bedürfnisse?

Uns stehen heute dank des Internets zwar deutlich mehr Quellen zur Verfügung als noch vor zehn Jahren, als man lediglich Literatur in Form von Büchern und Magazinen bemühen konnte. Leider haben sich aber gerade im Netz einige Fehlinformationen und -interpretationen gehalten. Jeder angehende *Mantella*-Halter sollte daher versuchen, sich schon vor dem Erwerb der Tiere nach besten Möglichkeiten über ihre Lebensweise, Bedürfnisse und Verhaltensweisen zu informieren. Ich hoffe, dass dieses Buch dazu eine Hilfestellung bietet. Weitere Quellen finden Sie im Literaturverzeichnis.

Bin ich bereit, den Aufwand einer Nachzucht zu betreiben, oder möchte ich die Tiere nur wegen ihres bunten Äußeren halten?

Jeder Halter von Mantellen trägt eine besondere Verantwortung, da diese Tiere einfach zu selten und in ihrem Status zu gefährdet sind, als dass man sie ohne die Absicht der Nachzucht halten sollte. Ziel sollte also grundsätzlich die Vermehrung der Frösche sein.

Woher stammen angebotene Tiere?

Heute werden Mantellen nur noch selten angeboten. Man sollte immer hinterfragen, aus welchen Quellen offerierte Exemplare wirklich stammen. Importe in die EU erfolgen nur noch sporadisch. Leider kommt es immer wieder vor, dass einige Arten über Osteuropa nach Deutschland gelangen. Der Handelsweg solcher Exemplare ist leider meist sehr fragwürdig.

Kann ich den Bedürfnisse der Tiere gerecht werden?

Es reicht nicht aus, ein Terrarium einzurichten und die Frösche in regelmäßigen Abständen zu füttern, sondern die Tiere ebenso wie ihr künstlicher Lebensraum benötigen weitergehende Pflege. Das beginnt mit der regelmäßigen Beobachtung der Tiere, und es bedarf einiger Erfahrung, um auf die verschiedenen Verhaltensweisen angemessen reagieren zu können. Nur dann ist eine artgerechte Haltung der Frösche möglich.

Ich bekomme viele Anfragen von erfahrenen Pfeilgiftfroschhaltern und -züchtern. Mantellen sind zwar in Färbung und Größe Pfeilgiftfröschen sehr ähnlich, haben aber in ihrem Lebensraum völlig andere klimatische Voraussetzungen und daher auch unterschiedliche Grundbedürfnisse.

Die meisten *Mantella*-Arten leben im Landesinneren von Madagaskar. Dort sinken die Temperaturen in manchen Landesteilen nachts zu bestimmten Jahreszeiten teilweise unter 5 °C. Das bedeutet für eine Haltung im Terrarium, dass die Tiere eine gewisse, wenn auch nicht ganz so starke jahreszeitliche Absenkung der Temperaturen benötigen. Eine Vergesellschaftung mit Pfeilgiftfröschen oder auch nur die Haltung in einer Zuchtanlage für Dendrobatiden sind meiner Meinung nach deshalb nicht ratsam.

Auf der anderen Seite gibt es Arten wie z. B. *M. laevigata*, die nur an der Ostküste Madagaskars vorkommen, wo die Temperaturen im gesamten Jahr auch nachts nur selten unter 20 °C fallen. Also ist eine gemeinsame Haltung bestimmter *Mantella*-Arten in einem Raum auch nicht immer sinnvoll.

Von einer Vergesellschaftung verschiedener Mantellen sollte man ohnehin Abstand nehmen, da die meisten Arten genetisch sehr eng miteinander verwandt sind, sich im Laichverhalten sehr ähneln und die Gefahr einer Hybridisierung sehr groß ist.

Wunderschön gefärbt und deshalb bei Terrarianern beliebt: *Mantella crocea*
Foto: A. Hartig

Wie erkenne ich, ob ich ein gesundes Tier bekomme?

Für einen unerfahrenen Terrarianer ist es oft schwierig, den Gesundheitszustand eines Frosches zu beurteilen. Aber selbst für den erfahrenen Froschliebhaber ist es beispielsweise auf Terraristik-Börsen häufig nicht einfach, einen Frosch in einer kleinen Dose als gesund oder krank zu erkennen, besonders, wenn er sich womöglich unter einem Blatt versteckt. Folgende Punkte sollen eine kleine Hilfe für eine rasche Einschätzung des Gesundheitszustandes eines Froschs sein. Diese Liste entstand aus eigenen Erfahrungen, die ich in den letzten 25 Jahren sammeln konnte.

Leider passiert es dennoch selbst mir immer wieder, dass ich im Nachhinein feststellen muss, dass erworbene Frösche doch nicht 100 % in Ordnung waren – dies lässt sich leider nicht ausschließen.

Den Gesundheitszustand eines Frosches in einer Dose zu beurteilen, ist nicht einfach. Diese *Mantella betsileo* hat allerdings eine deutlich zu sehende Schnittwunde auf dem Rücken.
Foto: A. Altenmüller

Allgemein

Weist der Frosch Verletzungen von Haut oder Gliedmaßen auf?

Hautverletzungen können Eintrittsmöglichkeiten für Bakterien in den Körper des Frosches darstellen. Infizierte Wunden sind nur schlecht zu behandeln und führen oft zum Tod des Tieres. Unglücklicherweise geschieht es immer wieder, dass Frösche durch zu raue Wände der Transportbehälter oder anderweitig falsche Unterbringung Hautwunden an der Schnauze erleiden.

Stehen die Zehen gut ab?

Bei manchen Fröschen kleben die Zehen an den Vorderbeinen, seltener an den Hinterbeinen zusammen. Dies kann ein Anzeichen für zu weiche Knochen sein, ausgelöst durch einen Mangel an Kalzium und anderen Mineralstoffen. In diesem Fall treten später häufig zusätzlich Verkrümmungen der Wirbelsäule auf, sogenannte Skoliosen, oder die Frösche sind im Wachstum gestört.

Färbung des Frosches?

Bei einigen *Mantella*-Arten gibt es durchaus farbliche Variationen. Teilweise werden allerdings Mischlinge angeboten, die deutliche Veränderungen in der Färbung zeigen. Im Sinne der Erhaltungszucht sollten solche Exemplare nicht erworben werden.

Sind die Augen klar?

Trübe Augen können ein Zeichen für eine Augenerkrankung sein. Häufig haben die Frösche dann Probleme, Beutetiere anzuvisieren und zu fressen. Ernährungsmängel können die Folgen sein.

Bewegt sich der Frosch normal, zieht er Gliedmaßen nach oder macht er taumelnde Bewegungen?

Nachgezogene Gliedmaßen können ein Zeichen von Brüchen oder Lähmungen sein. Taumelnde Bewegungen könnten auf eine neurologische Problematik schließen lassen.

Mantella madagascariensis in einer Art Ruhefärbung, bei der die Frösche eine dunkle Tönung annehmen und kaum noch vom Erdreich zu unterscheiden sind. Ebenfalls konnte ich dies bei *M. viridis* und *M. expectata* beobachten. Foto: A. Altenmüller

„Schießt“ der Frosch am Futter vorbei, oder schnappt er sich die Beute sofort?

Selten kommt es vor, dass bei Nachzuchten die Zunge nicht richtig entwickelt ist. Solche Exemplare haben große Schwierigkeiten, die Futterinsekten zu erwischen. Augenprobleme oder neurologische Erkrankungen können außerdem dazu führen, dass der Frosch die Beute nicht richtig sieht und an ihnen vorbeizielt.

Wie ist der Kot beschaffen?

Befindet sich Kot in der Transportdose? Dann ist darauf zu achten, ob er fest oder dünn wie Durchfall ist. Fester Kot ist ein gutes Zeichen dafür, dass der Frosch die letzten Tage normal gefressen hat und der Verdauungstrakt funktioniert. Auf einem feuchten Vlies in der Transportdose kann normal konsistenter Kot zwar etwas verlaufen, allerdings ist er dennoch als fest erkennbar.

Körperform und Körperhaltung

Weist die Wirbelsäule Veränderungen wie Verkrümmungen oder Verdrehungen auf?

Wie bereits erwähnt kann eine sogenannte Skoliose Rückschlüsse auf eine Mangelernährung des Frosches zulassen. Hierbei ist eine deutliche Verkrümmung der Wirbelsäule zu erkennen. Manchmal wirkt der Frosch auch wie eingedrückt und der Rumpf sehr kurz. Von der Seite sehen die Beckenknochen dann wie abstehende Höcker aus.

Mantella madagascariensis mit offener Fraktur am Hinterbein
Foto: A. Altenmüller

ich 2010 Nachzuchten von *M. madagascariensis*, die teilweise vier Monate nach dem Kauf offene Brüche an den Oberschenkeln zeigten. In den nächsten sechs Monaten starben insgesamt sieben der ursprünglich fünfzehn Tiere.

Kotuntersuchungen führe ich nicht mehr durch, da sich leider die Verlustrate bei Wurmkuren als sehr hoch erwies.

Umgang mit Mantellen

Frösche sind keine Kuscheltiere, weshalb man den Umgang und den Kontakt mit den Tieren auf eine Minimum bzw. das Nötigste reduzieren sollte.

Generell sollte man versuchen, Mantellen so selten wie möglich oder nur so häufig wie nötig aus dem Becken zu fangen. Sie sind zwar nicht so stressanfällig, wie weithin behauptet wird – zumindest gilt dies für Frösche, die optimal gehalten werden und gut ernährt sind. Unnötiger Stress sollte dennoch vermieden werden.

Die Frösche gewöhnen sich an Aktivitäten im Terrarium. Meine Gruppe *M. laevigata* beispielsweise sprang anfänglich bei jedem Öffnen des Terrariums panisch umher. Nach einer Eingewöhnungszeit von 3–4 Monaten beruhigten sich die Tiere sichtlich und zeigen

Der richtige, sprich vorsichtige Umgang mit Mantellen fängt bei den Gelegen an. Aber auch hier gilt, dass diese nur in absoluten Ausnahmefällen gehändelt werden sollten.
Foto: A. Altenmüller

heute überhaupt keinen Fluchttrieb mehr. Im Gegenteil, mittlerweile muss ich die Männchen sanft von den Kokosnussschalen, die als Laichhöhle dienen, schubsen, wenn ich diese auf Gelege und Kaulquappen kontrolliere. Die Frösche gewöhnen sich an regelmäßige Arbeiten im Terrarium wie das Beregnen per Hand, was das Herausfangen ebenfalls vereinfacht, sollte es doch einmal nötig sein.

Grundsätzlich nutze ich dafür ein Gefäß wie eine kleine Dose, in das ich die Frösche springen lasse. Dies vermeidet zum einen die Gefahr von Quetschungen des Frosches, zum anderen überhitzen die Tiere aufgrund ihrer geringen Körpergröße sehr schnell, wenn man sie länger in der Hand hält. Das wiederum kann rasch zum von Staniszewski (2001) beschriebenen HRMSS (siehe S. 89) und somit zum Tod der Frösche führen.

Genetik und Vergesellschaftung

Mantella-Arten stehen einander genetisch sehr nahe, weshalb man generell von einer Vergesellschaftung unterschiedlicher Spezies absehen sollte. Erst recht trifft dies auf Arten zu, die gemeinsam einer der auf S. 8 genannten Gruppen angehören. Mantellen sind zu selten in der Terraristik, als dass wir bei einer erfolgreichen Nachzucht das Risiko einer Hybridisierung eingehen sollten.

Eine Ausnahme bildet hier allerdings *M. laevigata*, da bei dieser Art schon aufgrund des völlig unterschiedlichen Brutverhaltens eine Vermischung mit anderen Gattungsangehörigen ausgeschlossen erscheint. Ich selbst halte *M. laevigata* seit fünf Jahren in einem Terrarium zusammen mit *M. viridis* und seit ca. drei Jahren in einem Becken mit *M. pulchra*. Obwohl ich von allen drei Arten mehrfach befruchtete Gelege fand, kam es nie zu einer Hybridisierung.

Alle anderen Arten aber sind sich in Eiablage und Brutverhalten zu ähnlich, und es wurde in der Vergangenheit schon häufiger über die Vermischung verschiedener Mantellen auch mit Arten aus anderen Gruppen der Gattung berichtet. Übrigens ist laut Glaw & Vences (schriftl. Mittlg. 2012) noch nicht einmal geklärt, ob es sich z. B. bei *M. crocea* und *M. milotympanum* um zwei verschiedene Arten oder lediglich um unterschiedliche Farbvarianten einer Art handelt.

Interessant ist ebenfalls, dass nach Rabibisoa (2008) eine der Hauptbedrohungen von *M. cowanii* die Hybridisierung mit *M. baroni* darstellt. Rabibisoa zufolge hat ein Team um Franco Andreone (2003) Hybriden beider Arten bei Amparihimazava gefunden, ein Team von Conservation International (2008) entdeckte Mischlinge bei Fohisokina.

Edmonds (2009) berichtet, er habe nahe Ankazafa Frö-

Hybrid aus *M. pulchra* (Männchen) und einem Hybrid-Weibchen aus wahrscheinlich *M. crocea* und *M. baroni*

Foto: S. Wolf

Gegen eine Vergesellschaftung verschiedener *Mantella*-Arten zur Aufzucht ist nichts einzuwenden. Allerdings sollten die Tiere vor Erreichen der Geschlechtsreife wieder getrennt werden. Hier *M. aurantiaca* und *M. laevigata*.
Foto: A. Altenmüller

sche gefunden, die nach dem Aussehen ihrer Rückenzeichnung zu schließen Hybriden zwischen *M. manery* und *M. ebenaui* hätten sein können. Beide Arten kommen in diesem Lebensraum vor.

Zur Vergesellschaftung von Mantellen mit Pfeilgiftfröschen oder mit weiteren Arten, etwa kleinen Geckos, liegen mir persönlich keine Erfahrungen vor.

Unterseite des auf S. 29 gezeigten Hybriden
Foto: S. Wolf

Individuum aus demselben Gelege (*M. pulchra* x *M. crocea* / *M. baroni*.
Foto: S. Wolf

Art und Größe der Becken

Frösche sind sehr sensible Tiere. Es reicht nicht aus zu versuchen, den Mikro-Lebensraum einigermaßen in einem Terrarium nachzubilden. Eine erfolgreiche Nachzucht hängt darüber hinaus von vielen weiteren Faktoren ab. In der Natur sind die Tiere ständig wechselnden Umwelteinflüssen ausgesetzt, die sie brauchen, um gesund zu bleiben und eine lange Lebenserwartung zu haben. Tageszeitliche Zyklen sind ebenso wichtig wie der jahreszeitliche Rhythmus, der besonders die Paarungsbereitschaft beeinflusst. Faktoren, die bei der artgerechten Haltung eine Rolle spielen, sind somit Luft- und Bodentemperatur, Luftfeuchtigkeit, Bodenbeschaffenheit, Lichtintensität,

Unterseite desselben Frosches
Foto: S. Wolf

Tageslichtdauer, pH-Wert des Bodensubstrates, Versteck- und Ablaichmöglichkeiten, Futterangebot und

Schauterrarium in meiner Praxis mit 235 cm Länge
Foto: A. Altenmüller

Gruppengröße, um nur einige zu nennen. Die Umwelteinflüsse im natürlichen Lebensraum ändern sich nicht nur jahreszeitlich, sondern fast stündlich.

So konnte ich auf Madagaskar *M. baroni* an einem bestimmten Tag um 16 Uhr an einer bestimmten Stelle in Massen beobachten. An den darauffolgenden Tagen waren zu anderen Tageszeiten nur vereinzelte Frösche oder gar keine zu finden – unabhängig von Regenfällen, die die Aktivität ebenso beeinflussen.

Im Terrarium ist Ähnliches zu beobachten. *Mantella viridis* beispielsweise lässt sich monatelang kaum blicken. Die Tiere halten sich fast das ganze Jahr versteckt und nehmen eine dunkelbraune Färbung an. Erst wenn die Temperaturen und die Feuchtigkeit deutlich erhöht werden, erscheinen sie in zitronengelber Färbung und beginnen mit der Paarung. Unsere Frösche brauchen Abwechslung, was die Haltungsbedingungen angeht, und sollten diese auch bekommen.

Verschiedene Terrarientypen eignen sich für die Haltung von Mantellen. Ich selbst verwende zwei davon: zum einen Standardbecken, die sich gut mit selbst gestalteten „Landschaften" ausstatten lassen, zum anderen die sogenannten Dendrobatidenbecken, die mit einem zweiten, schräg eingelassenen Boden versehen sind, sodass Beregnungswasser in einen kleinen Graben an der Front des Terrariums fließen kann. Beide Typen lassen sich hervorragend für die Bedürfnisse der unterschiedlichen *Mantella*-Arten gestalten und einrichten. Belüftungsgitter im vorderen unteren Bereich und im hinteren oberen sowie Abflüsse im Wasserteil sind in beiden Beckentypen bei mir Standard.

Ich werde immer wieder gefragt, welche Terrariengröße ich für die Mantellenhaltung empfehle. Generell bin ich der Meinung, dass man Terrarientiere in möglichst großen Becken halten sollte, um ihnen nicht nur ein Höchstmaß an Bewegungsfreiheit zu bieten, sondern auch ein möglichst großes Temperatur-, Feuchtigkeits- und Helligkeitsspektrum. Je kleiner ein Terrarium, desto limitierter sind die Möglichkeiten für die Frösche, ihre Bedürfnisse und Ansprüche an diese Faktoren zu befriedigen.

Ich verwende daher für meine Zuchtgruppen mit 10–15 Fröschen Becken mit Größen von 80 x 50 x 50 cm (Länge x Höhe x Tiefe) bis 100 x 70 x 50 cm (Länge x Höhe x Tiefe). Für Gesellschaftsbecken sind die Maße deutlich größer und variieren von 135 x 70 x 50 cm (Länge x Höhe x Tiefe) für jeweils 10–15 *M. laevigata* und *M. pulchra* bis 235 x 100 x 70 cm (Länge x Höhe x Tiefe) für jeweils 10–15 *M. laevigata* und *M. viridis*. Ich halte aber niemals mehr als zwei Arten pro Becken, wobei allerdings zu erwähnen ist, dass ich grundsätzlich nur *M. laevigata* mit jeweils einer anderen *Mantella*-Art vergesellschafte, da die erstgenannte Spezies sich eher in den oberen Terrarienbereichen aufhält und sich auf Grund des für *Mantellen* ungewöhnlichen Brutverhaltens nicht mit den anderen Arten kreuzt.

Für Jungfrösche hingegen wähle ich kleinere Becken, da sich der Nachwuchs der meisten Arten wenig bis gar nicht aus ihren Verstecken bewegt und deshalb eine hohe Futtertierdichte benötigt. Die Maße beginnen bei 40 x 40 x 50 cm (Länge x Höhe x Tiefe) für bis zu 30 Landgänger, wobei die herangewachsenen Jungfrösche spätestens nach zwei Monaten in Terrarien mit Maßen von bis zu 135 x 40 x 50 cm (Länge x Höhe x Tiefe) umgesetzt werden. Je größer ein Terrarium, umso mehr Frösche können darin untergebracht werden. Speziell bei den Jungen sollte man darauf achten, dass sie ausreichend Platz bekommen, um gut heranwachsen zu können. In meinen großen Aufzuchtterrarien mit 135 x 50 cm Grundfläche können je nach Alter der Jungfrösche bis zu 50 Tiere gepflegt werden, wobei diese bei dieser hohen Zahl dann nicht älter als 3–4 Monate sind und ich viele Versteckplätze aus Moos und kleinen Torfstückchen biete.

Eine Haltung von kleinen Gruppen wie beispielsweise aus einem Männchen und zwei Weibchen halte ich nicht für sinnvoll. Gruppen von zwei Männchen und vier Weibchen würde ich dennoch in Becken von der besagten Größe halten, außer zur Quarantäne.

Es sollten aber meiner Meinung nach mindestens drei Männchen pro Gruppe vorhanden sein, da diese sich oft gegenseitig zum Rufen animieren.

Einrichtung

In den Standardbecken kann man Landschaften und Bachläufe beispielsweise aus Styropor gestalten, mit Rockoflex (aus dem spezialisierten Tierhandel oder dem Internet) beschichten, dann mit Elastopur oder Epoxidharz versiegeln und damit auch mit Torfstückchen bekleben.

Ich verwende allerdings meist die sogenannten Dendrobatidenbecken. Wichtig ist es hier, die doppelte Glasbodenscheibe mit einer ausreichenden Dränageschicht zu versehen. Hierfür verwende ich eine 2,5–3 cm hohe Schicht Blähtonkugeln, die mit einer Lage aus einem Vlies aus dem Teichbau abgedeckt werden. Das Vlies teile ich zu diesem Zweck in dünne Schichten und verwende nur eine davon. Ich klebe sie mit einigen Silikontupfern an der Kante des Wassergrabens fest und klappe es nach dem Befüllen der doppelten Bodenplatte mit den Blähtonkugeln nach hinten. Es soll verhindern, dass Bodenmaterial – ich verwende Weißtorf – zwischen den Blähton gelangt und so die Dränageschicht zusetzt.

Mithilfe von Weißtorfsoden lassen sich sehr einfach und effektiv kleine Landschaften bilden, die dann mit losem Torf aufgefüllt werden. Weißtorf hat sich als Bodenmaterial bewährt, da sich auf diesem Substrat die Eier recht gut entwickeln. In den 1990er-Jahren verwendete ich normale Komposterde als Bodensubstrat, da diese häufig in der Terraristik angeboten wurde. Leider starben mir darauf sämtliche Gelege ab und verpilzten.

Bei der Gestaltung des Bodens sollte man bedenken, dass viele Mantellen gerne in kleinen Löchern oder Hohlräumen ablaichen. Man sollte daher solche Versteckmöglichkeiten zur Verfügung stellen, allerdings achte ich darauf, dass sie für mich gut zugänglich sind, sodass ich sie jederzeit ohne unnötigen Aufwand auf Gelege kontrollieren kann. Zum Gestalten der Ablagemöglichkeiten lege ich daher Stücke, die ich aus Weißtorfplatten herausbreche, so übereinander, dass sich kleine Höhlen bilden.

Wichtig ist es, den Fröschen ausreichend Klettermöglichkeiten zu bieten, da alle *Mantella*-Arten gerne klettern und immer wieder in den höheren Terrarienbereichen zu finden sind. Ich beklebe daher die Seiten- und Rückwände in meinen Terrarien mit Xaximplatten, da diese nach einer gewissen Zeit von allerlei Pflanzen bewachsen werden, die nicht nur dekorativ aussehen, sondern außerdem Kletter- und Versteckmöglichkeiten für die Frösche bieten. Lange, schmale Wurzeln oder schräg in das Terrarium gestellte Xaximstämme erfüllen ebenfalls diesen Zweck.

An Pflanzen nutze ich kleinwüchsige Arten von Farnen und *Ficus*-Arten sowie andere kleinblättrige Gewächse. Häufig bilden diese Pflanzen Ableger, die u. a. die Xaximrückwände bewachsen.

Für meine *M. expectata* habe ich ein Standardterrarium mit einer dem Lebensraum im Isalogebirge nachempfundenen Landschaft eingerichtet. Nachdem ich diese mit Styropor vorgeformt hatte, bestrich ich sie mit Elastopur und beklebte sie mit Sand in verschiedenen Farben. Als Grasersatz nutzte ich Farnarten mit feinen Wedeln. Die Ecken füllte ich mit Torf auf. Xaximstücke dienen als zusätzliche Versteckmöglichkeiten.

Grundsätzlich bin ich der Meinung, dass die Terrarien gut bewachsen sein und viele Kletter- und Versteckmöglichkeiten bieten sollten, damit die Frösche die Möglichkeit haben, die Temperatur- und Feuchtigkeitsbereiche zu wählen, die sie bevorzugen.

Historisches

In den Anfängen der Mantellenhaltung hat man übrigens die sogenannte Torfziegelmethode nach Oostveen verwendet. Oostveen war neben Zimmermann einer der Pioniere der Mantellenhaltung und schichtete in schräg gestellten Terrarien Torfziegel in vielen Schichten übereinander, sodass für die Frösche viele Hohlräume als Unterschlupf und Ablaichhöhlen entstanden. Damals wurde noch behauptet, die Gelege seien sehr lichtempfindlich, weshalb das Terrarium ringsherum mit lichtdichter Folie abgeklebt werden sollte. Heute wissen wir, dass dies nicht der Fall ist. Ich habe diese Methode niemals ausprobiert, allerdings immer wieder positive Berichte darüber gelesen.

In einem Becken für Mantellen, hier *M. pulchra*, sollten immer ausreichend viele Versteckmöglichkeiten vorhanden sein
Foto: A. Altenmüller

Klima und Temperaturen

Klima und Haltungstemperaturen in den Terrarien sind ein umstrittenes Thema. Ich halte es für schwierig, Haltungstemperaturen pauschal an- bzw. vorzugeben. Man sollte immer das Verhalten der Frösche beobachten und das Terrarienklima dementsprechend optimieren.

In dem Schauterrarium in meiner Praxis mit den Maßen 235 x 70 x 100 cm (Länge x Höhe x Tiefe) hatte ich je drei Thermometer und Hygrometer angebracht – je eines 10 cm über dem Boden, in 55 cm Höhe und 5 cm unter der Deckenglasscheibe, also dem Beleuchtungskasten. Die Temperaturen variierten im Sommer von etwa 18 °C und 70 % relativer Luftfeuchtigkeit im unteren Bereich über rund 25 °C und 80 % relativer Luftfeuchtigkeit auf 50 cm Höhe bis hin zu fast 45 °C und 50 % relativer Luftfeuchtigkeit im oberen Messbereich. Welche Werte gibt man nun als optimale Temperatur und Luftfeuchtigkeit an, wenn die Frösche in dieser Phase ablaichen?

In einem artgerecht eingerichteten Terrarium gibt es eine ganze Bandbreite an unterschiedlichen Klimabereichen. Ich bin der Meinung, dass die Frösche sich diejenigen mikroklimatischen Zonen suchen, die sie bevorzugen. Man muss ihnen nur die Möglichkeit dazu bieten. Hauptsächlich bodenbewohnende Arten wie *M. aurantiaca* sind manchmal auch kletternd 5–10 cm unter der Terrarien-

Speziell bei frisch metamorphosierten Landgängern, wie hier *M. pulchra*, ist das Klima besonders wichtig, da die Frösche aufgrund ihrer geringen Größe auf kleinste Schwankungen empfindlich reagieren.
Foto: A. Altenmüller

decke zu finden, während sich umgekehrt *M. laevigata* auch recht häufig auf dem Boden beobachten lässt. Eine Vielzahl klimatischer Mikro-Zonen ist daher äußerst sinnvoll. Ein Terrarium sollte also ausreichend groß und vor allem hoch sein, um den Fröschen solche Zonen zu bieten. Ebenso sollten ausreichend Versteckplätze vorhanden sein, damit die Frösche bei verhältnismäßig hohen oder niedrigen Temperaturen die Möglichkeit haben, sich zum Schutz zurückzuziehen. Wie schon erwähnt, macht beispielsweise *M. aurantiaca* laut Dr. Rainer Dolch (pers. Mittlg.) genau dies. Dolch zufolge sind die Frösche in der Trockenzeit, in der die Temperaturen nachts auf 5 °C sinken können, für lange Zeit nicht zu finden, da sie sich tief in das Erdreich zwischen Wurzeln und Laub der *Pandanus*-Bäume zurückziehen.

Mantellen brauchen Klettermöglichkeiten
Foto: A. Altenmüller

Wie bereits im Kapitel „Art und Größe der Becken" beschrieben, halte ich Terrarien, die kleiner als 80 x 50 x 50 cm sind, für die Haltung von Mantellen ungeeignet. Je größer ein Becken, desto größer ist die Möglichkeit für die Frösche, bevorzugte Klimabereiche zu finden.

Da Mantellen meist eine relativ kühle Jahreszeit als Ruhephase benötigen, versuche ich die Temperaturen in den Terrarien über die Raumwerte zu beeinflussen. Da alle meine Terrarien in einem speziellen Zimmer untergebracht sind, lässt sich dies ohne größere Einflüsse auf das Familienleben gut bewerkstelligen. Einziges Problem, das bei recht kalten Wintern immer wieder auftritt, ist, dass in den unteren Terrarienreihen, in denen gewöhnlich meine Nachzuchten untergebracht sind, die Temperaturen teilweise grenzwertig kühl sind. So hatte ich z. B. im Winter 2010/2011 das Problem, dass ich trotz Deckenventilator und aufgedrehtem Heizkörper in den unteren Terrarien Bodentemperaturen von nur um die 14–16 °C maß. Hier gingen mir Jungfrösche ein, die aufgrund der niedrigen Temperaturen ihren Stoffwechsel drosselten, während in den oberen Terrarienreihen meine Zuchtgruppen von *M. aurantiaca*, *M. madagascariensis*, *M. pulchra* und *M. laevigata* ablaichten, weil dort die Temperaturen im Bodenbereich um die 22–24 °C lagen. Je nach Bauart der Terrarien lassen sich solche Probleme mit der Verwendung von Heizmatten oder Heizkabeln vermeiden. Leider habe ich damals die Situation zu spät erkannt und musste so unangenehme Erfahrungen sammeln.

Feuchtigkeit und Belüftung

Als Amphibien sind Frösche natürlich sehr von einer ausreichenden Feuchtigkeit abhängig. Es ist nicht immer einfach, ein ausgewogenes Gleichgewicht zwischen hoher relativer Luftfeuchtigkeit und einer guten Belüftung des Terrariums zu finden. Eine schlechte Belüftung kann schnell zu Staunässe, Schimmel und Fäulnis im Terrarium führen, was für die Frösche ein gesundheitliches Risiko darstellt. Ist ein Becken allerdings zu stark belüftet, ist es schwierig, die relative Luftfeuchtigkeit hoch zu halten.

Nebler bieten eine gute Möglichkeit, die Luftfeuchtigkeit in Terrarien konstant hoch zu halten
Foto: A. Altenmüller

In meinen Terrarien befindet sich grundsätzlich im vorderen Bereich unterhalb der Schiebescheiben ein Belüftungsgitter über die gesamte Länge, ebenso wie im oberen Terrarienbereich im hinteren Drittel in der Deckenglasscheibe. Auf diese Weise kann die Luft gut durch das gesamte Terrarium zirkulieren und es gibt keine Bereiche, in denen es zu Staunässe und so zu Schimmelbildung kommt. Um die Luftfeuchtigkeit während der Paarungszeit zu erhöhen, besprühe ich mehrmals am Tag die Einrichtung per Hand oder installiere einen Fakir-Nebler, der über ein Schlauchsystem mittels Ultraschallverneblung und Ventilator Wasserdampf in die Terrarien bläst. Speziell über die Nebler lässt sich die relative Luftfeuchtigkeit über längere Zeit hoch halten.

Zu beachten ist allerdings, dass Räume, in denen mehrere Regenwaldterrarien stehen, bei einer schlechten Belüftung zu Schimmelbildung an den Wänden neigen, was zu gesundheitlichen Problemen auch bei uns Menschen führen kann.

Licht und Beleuchtung

Dem Licht bzw. der Beleuchtung im Terrarium wurde lange keine größere Beachtung geschenkt. Seit einigen Jahren kann man jedoch diverse Lampen, Leuchten und Röhren kaufen, die unterschiedliche Lichtspektren für diverse unterschiedliche Bedürfnisse und Lebensräume der Terrarientiere abstrahlen. Ebenso wichtig sind jedoch Beleuchtungsdauer und -intensität. Ich versuche Lichtverhältnisse und Beleuchtungsdauer im jahreszeitlichen Zyklus zu ändern.

Als Beleuchtung verwende ich Leuchtstoffröhren der Marke ExoTerra. Für meine eher bodenbewohnenden und versteckt lebenden Mantellen, wie *M. aurantiaca*, *M. pulchra* und *M. madagascariensis*, setze ich die Repti Glo 2.0 mit UVB-Voll-Spektrum ein, für Arten wie *M. expectata*, die in Grasbüscheln in sonnenexponiertem Gelände leben, die Repti Glo 5.0 UVB für Tropenterrarien. Natürlich eignen sich auch Fabrikate anderer Hersteller mit entsprechendem Spektrum.

Die tägliche Beleuchtungsdauer liegt bei mir in der trockeneren und kühleren Ruhephase von September/Oktober bis März/April bei etwa zehn Stunden pro Tag und wird zur Einleitung der Paarungszeit auf bis zu 13 Stunden pro Tag erhöht. Über eine Zeitschaltuhr lässt sich dies völlig problemlos einstellen.

Die Lichtintensität steigere ich, indem ich zeitgleich zur Erhöhung der Beleuchtungszeit die Pflanzen im oberen Terrarienbereich zurückschneide und das Glas der Terrariendeckscheibe putze. Es ist teilweise unglaublich, um wie viel heller es dadurch plötzlich im Terrarium wird.

Bei größeren Becken

In *Pandanus*-Wäldchen gelangt ausreichend Licht bis auf den Boden, sodass *Mantella aurantiaca* sonnige Plätze im Bodenbereich findet
Foto: A. Altenmüller

Auch im Terrarium braucht *M. aurantiaca* helle, lichtdurchflutete Stellen, an denen sich die Tiere immer wieder gerne aufhalten
Foto: A. Altenmüller

bringe ich zusätzliche Lampen oder Leuchtstoffröhren über dem Terrarium an. Auch die Installation von Reflektoren über den Lampen kann hierzu beitragen, so sie nicht ohnehin schon vorhanden sind.

An einigen Terrarien habe ich sogenannte Light Cycle Units von Exo Terra installiert. Sie lassen sich ohne zusätzliche Zeitschaltuhren für Beleuchtungsdauern von 10, 12 und 14 Stunden einstellen. Der Clou an diesen Geräten ist, dass die Leuchtstoffröhren nicht wie bei herkömmlichen Vorschaltgeräten direkt ihre volle Leuchtstärke erreichen, sondern beim An- und Abschalten über eine Dimmfunktion eine Morgen- und Abenddämmerung simulieren. So dauert es am Morgen 30 Minuten, bis die volle Lichtstärke erreicht, am Abend ebenfalls eine halbe Stunde, bis die Röhre über abnehmende Lichtintensität schließlich völlig ausgeschaltet ist. Interessant ist, dass besonders meine *M. expectata* und *M. viridis* vor allem in diesen Dämmerungsperioden aktiv sind.

Wasserteil

Ein Wasserteil ist für fast alle *Mantella*-Arten notwendig. Die einzige Art, die man wahrscheinlich aufgrund ihrer Lebensweise ohne Wasserteil im Bodenbereich halten könnte, ist *M. laevigata*. Sie lebt laut Vences & Glaw (2007) fast ausschließlich auf Bäumen oder Bambus bis in 4 m Höhe. Böte man dieser Art ausreichend mit Wasser befüllte „Bruthöhlen" an, käme sie sicherlich auch ohne Wasserteil im Bodenbereich aus. Dennoch hat sich bei mir auch bei *M. laevigata* ebenso wie bei allen anderen Mantellen zusätzlich zu „Bruthöhlen" mit Wasser eine Haltung in einem sogenannten Dendrobatidenbecken mit Wassergraben bewährt. Man kann den Wassergraben so weit mit feinem Aquarienkies auffüllen, dass der Wasserstand relativ gering ist. Die Wasserteile sollten stets so beschaffen sein, dass sie auch in der „Regenzeit" keine Stellen mit höherem Wasserstand als 2,5–3 cm aufweisen, da alle Mantellen äußerst schlechte Schwimmer sind und sonst schnell ertrinken könnten. Die Ausstiegszonen sollten daher immer flach ansteigen. Die Frösche müs-

Ein flacher Wasserteil mit guten Ausstiegsmöglichkeiten ist nicht nur für Jungfrösche lebenswichtig. Hier ein Landgänger von *Mantella aurantiaca*.
Foto: A. Altenmüller

sen das Wasser jederzeit problemlos verlassen können. Zu steile Ränder, überstehende Kanten oder ähnliche Beschaffenheiten des Uferbereiches haben bei meinen Fröschen leider immer wieder zu Verlusten durch Ertrinken gesorgt.

Ein Abfluss ist immer sinnvoll, um beim häufigen Beregnen in der „Regenzeit“ den Wasserstand senken zu können. Ich achte darauf, dass die Wasserteile ebenfalls reich bewachsen sind, da dies den Fröschen beim Verlassen des Wassers hilfreich sein kann. Javamoos hat sich hier sehr bewährt. Zusätzlicher Vorteil ist, dass Pflanzen nebenbei Nährstoffe aus dem Wasser nehmen und so dessen Qualität verbessern.

Bei der Haltung von *M. viridis* bietet sich zusätzlich ein kleiner Bachlauf an, denn bemerkenswerterweise hat bei mir diese Froschart nur in Terrarien mit fließendem Wasser abgelaicht, dafür aber immer mit mindestens 9–12 Gelegen pro Jahr bei einer Gruppe von 15 Tieren, von denen mindestens sechs Männchen waren. Außer von *M. viridis* kann ich ansonsten nur noch von *M. aurantiaca* mit Sicherheit sagen, dass Weibchen zwei Gelege pro Saison absetzen können.

Sauberkeit

Besucht man einmal den Lebensraum einer Froschart, die man im Terrarium hält, bekommt der Begriff Sauberkeit eine völlig neue Bedeutung. Ich dachte früher immer, das Terrarium „aufräumen“, also abgestorbene Pflanzenreste, heruntergefallene Blätter etc. aus dem Terrarium entfernen zu müssen, um Fäulnis zu verhindern und den Fröschen die optimalen Lebensbedingungen zu schaffen. Heute weiß ich, dass Frösche einen Biotop und keine leicht sterilisierbaren Behältnisse zum Leben brauchen. Geht man durch ein Froschhabitat, liegen überall verwelkte Blätter, Pflanzenreste und herabgefallene Äste herum. Frösche finden hier und teilweise wirklich nur unter solchen Bedingungen ihre idealen Lebensumstände. Die Laubschicht bietet vielen *Mantella*-Arten nicht nur Versteck- und Ablaichmöglichkeiten, sondern auch Beute und den perfekten Hintergrund zur Tarnung. So dient etwa *M. aurantiaca* ihre orange Färbung laut Dr. Rainer Dolch (pers. Mittlg.) nicht, wie

Mantella pulchra im Habitat. Im Laub ist dieser Frosch optimal getarnt.
Foto: A. Altenmüller

lange geglaubt, der Abschreckung von Fressfeinden, sondern vielmehr der Tarnung zwischen den herabgefallenen Blättern der *Pandanus*-Bäume, in deren Wäldchen die Art ausschließlich lebt. Vor allem aber existieren genau in solchen Lebensräumen die optimalen klimatischen Bedingungen, die Mantellen brauchen

Es ist also sinnvoll, ein Terrarium durchaus etwas „verwildern" zu lassen – allerdings sollten Sie natürlich die Balance zwischen wucherndem und sterilem Glaskasten finden, damit man die Frösche noch zu Gesicht bekommt und sie nicht irgendwo im Dickicht unauffindbar verschwinden.

Ungeachtet dessen sollten Sie selbstverständlich verendete Tiere oder stark schimmelnde Dinge aus dem Becken entfernen, wie z. B. bei der Fütterung der Frösche in das Terrarium gefallenes Heimchenfutter.

Alles andere besorgen Mikroorganismen wie auch Springschwänze und Weiße Asseln, die in einem gut eingefahrenen und ausgewogen gesäuberten Terrarium hervorragend gedeihen (siehe unten und S. 49).

Ich tausche in der Regel nur alle 3–4 Jahre den Bodengrund meiner Becken teilweise aus. In regelmäßigen Abständen reinige ich die Frontscheiben und entferne übermäßiges Pflanzenmaterial, wobei ein Teil als „Pflanzenabfall“ auf dem Bodengrund im Terrarium verbleibt.

Auf diese Weise nehme ich indirekt das ins Terrarium eingebrachte Futter, das zwischenzeitlich zu Froschkot und Pflanzendünger wurde, als Grünschnitt in Form von Pflanzenmaterial wieder heraus. Ganz wichtig ist allerdings, dass ein Terrarium immer nach frischem Waldboden riecht. Dies zeigt, dass sich das Becken in einem ausgewogenen Zustand befindet, was die beste Voraussetzung für einen gesunden Lebensraum unserer Pfleglinge bietet.

Fäulnis

In Terrarien mit schlechter Dränage hatte ich durch entstehende Staunässe im Bodensubstrat immer wieder Probleme mit Fäulnis. Das merkt man zuerst daran, dass es im Becken schlecht riecht, eventuell sogar schon nach faulen Eiern oder Ammoniak. Da bei den hier ablaufenden anaeroben mikrobiellen Abbauprozessen giftige Gase wie Ammoniak und Schwefelwasserstoff freigesetzt werden, besteht absolute Gefahr für die Gesundheit der Frösche. Man sollte also immer darauf achten, dass jedes Terrarium mit einer guten Dränageschicht ausgestattet ist, um Staunässe zu vermeiden.

Schimmel

Im Gegensatz zu Fäulnis ist Schimmel meist ein Problem aufgrund schlechter Luftzirkulation im Becken. Allerdings kann es auch zu Schimmelbildung kommen, wenn beim Füttern z. B. Heimchenfutter o. Ä. in das Terrarium fällt und dort verbleibt. Schimmel kann für die Frösche u. a. deshalb problematisch werden, weil die Sporen in größeren Mengen auf Dauer zu Atemwegserkrankungen führen. Aber auch außerhalb der Terrarien kann Schimmel z. B. in den Räumen, in denen die Becken stehen, Probleme verursachen. In Räumen, die schlecht belüftbar sind, kann es durch die hohe Luftfeuchtigkeit in den Becken zu Schimmelbildung an den Wänden kommen. Dies sollte auch aus gesundheitlichen Gründen für uns Halter vermieden werden.

Nützlinge

Es gibt durchaus Tiere, die sich als Untermieter im Terrarium ansiedeln (lassen) und für das biologische Gleichgewicht des begrenzten Lebensraumes von Nutzen sein können. Springschwänze, Weiße Asseln und andere Kleinstlebewesen helfen, abgestorbene Pflanzenteile und Kot der Frösche zu zersetzen und in Pflanzendünger umzuwandeln.

Ich versuche diese Tiere bereits vor dem Einzug der Frösche in den Terrarien anzusiedeln und zu etablieren. Sie helfen wie gesagt, „Abfall“ zu recyceln, dienen aber außerdem den Fröschen als Happen für zwischendurch. Man kann auch immer wieder die Mantellen dabei beobachten, wie sie nach kleinsten Tieren „schießen“, die für uns mit dem bloßem Auge nicht zu erkennen sind. In einem gut eingefahrenen Terrarium treten solche Mitbewohner häufig auch von alleine auf. Etwa im Bodensubstrat von Pflanzen, aber auch an Wurzeln, die wir als Einrichtungsmaterial in das Terrarium einbringen, können sie sich befinden. Ein funktionierendes Terrarium mit einer Vielzahl solcher Mitbewohner riecht nach frischer Walderde.

Schnecken können ebenfalls die genannten Vorzüge haben, aber auch recht schnell zu einer Plage in einem Terrarium werden.

Mantella ebenaui
Foto: H.-P. Berghof

Futter und Fütterung

An dieser Stelle möchte ich meinen Freund und ebenfalls sehr erfolgreichen Mantellenzüchter zitieren, Hellmut Kurrer: „Das A und O einer erfolgreichen Froschhaltung und -zucht ist eine gute Futtertierzucht."

Häufig werden Frösche sehr einseitig gefüttert. Fruchtfliegen sind einfach zu beschaffen und zu züchten, sollten aber nicht das alleinige Futter darstellen. Beispielsweise Micro-Heimchen, Ofenfischchen, Springschwänze, Weiße Asseln, Blattläuse und Wiesenplankton stehen bei meinen Fröschen ebenso häufig auf dem Speiseplan. In der Natur ernähren sich Mantellen laut Woodhead et al. (2007) auch von Ameisen, Käfern und Milben. Im Terrarium kann man es durchaus mit solchen Futtertierarten wie Spinnen, kleinen Käfern und Ameisen versuchen, sollte allerdings die Nahrungsaufnahme beobachten, da nicht jede Spinnen-, Käfer- oder Ameisenart von den Fröschen gefressen wird und die Wirbellosen sonst als Dauergast im Terrarium bleiben könnten.

Ich bringe auch über verschiedene Arten von Fruchtfliegen oder Springschwänzen Abwechslung in die Nahrung. Zusätzlich ernähre ich alle Futtertiere hochwertig und vielfältig.

Mantellen wie hier *M. pulchra* finden in der Laubschicht des Bodens ein abwechslungsreiches Nahrungsangebot
Foto: A. Altenmüller

Bei der Vorstellung der einzelnen Futtertierarten werde ich auf die Möglichkeiten eingehen, wie sie ohne Bestäubung mit Vitamin- und/oder Mineralstoffpulvern mit diesen für die Frösche so wichtigen Stoffen angereichert werden können. Aber auch andere Stoffe, wie z. B. Phosphate und Aminosäuren, sind für unsere Frösche und ihre Gesundheit wichtig.

Im Übrigen sollte man nicht vergessen, dass man in Zeiten des Internets und zahlreicher Futtertieranbieter, die dort zu finden sind, paradiesische Zustände hat, was das Angebot und die Beschaffungsmöglichkeiten von Futtertieren angeht. Als ich 1984 mit der Froschhaltung anfing, gab es in Mannheim, meinem Wohnort, und dem benachbarten Ludwigshafen gerade mal zwei Zoogeschäfte, die Heimchen oder Fleischfliegenmaden im Angebot hatten. Bei extrem hohen Temperaturen im Sommer oder sehr niedrigen Temperaturen im Winter bekam man häufig die Auskunft, dass kein Lebendfutter geliefert werden konnte. Das bedeutete nicht selten zwangsweise eine Nulldiät für meine Frösche. Staniszewski (2001) warnt jedoch auch vor dem Überfüttern der Frösche. Tatsächlich neigt bei mir speziell *M. aurantiaca* bei zu reichlicher Fütterung zu einer deutlichen Gewichtszunahme. Man kann regelgerecht eine Verfettung der Frösche erkennen.

In der Regel füttere ich in den Sommermonaten zwei- bis dreimal pro Woche, in den Wintermonaten nur ein- bis zweimal wöchentlich. Wie viel Futter jeder Frosch bekommt, ist Sache des Gefühls und des zur Verfügung stehenden Futterangebotes. Bei großen Gruppen lässt sich dies aber eher schlecht regeln, da die Futtertiere sich recht schnell im Becken verteilen und einige Frösche aktiver, andere weniger aktiv in der Futtersuche sind.

Beute in der Natur

Woodhead et al. (2007) untersuchten den Mageninhalt von 64 *M. aurantiaca*, davon 23 Männchen und 42 Weibchen, wobei insgesamt 5.492 Beutetiere gefunden wurden. Nur bei zwei Männchen war der Magen leer.

Die kleinsten Beutetiere waren Milben und Springschwänze, die größten Asseln, Insektenlarven, Käfer und Tausendfüßler. Im Magen eines Weibchens wurde ein Tausendfüßler mit 47 mm Länge gefunden!

95,8 % aller Beutetiere hatten eine Körperlänge unter 3 mm, 82,9 % waren kleiner als 2 mm und 36,5 % sogar kleiner als 1 mm.

Bei Männchen waren Milben mit 34,1 % die häufigsten Beutetiere, gefolgt von Fliegen (24,4 %), Springschwänzen (13,0 %) und Ameisen (11,3 %). In den Mägen der Weibchen fand man am häufigsten Fliegen (36,1 %), gefolgt von Milben (18,1 %), Ameisen (15,3 %) und Springschwänzen (14,7 %).

Bezüglich des Volumens waren Ameisen mit 26,3 % bei den Männchen und 28,8 % bei den Weibchen vertreten, gefolgt von Fliegen mit 22,4 % bei Männchen und 24,6 % bei Weibchen. Insgesamt wurden Vertreter aus neun Ameisengattungen in den Mägen der Frösche gefunden. Milben, die in puncto Anzahl insgesamt 23 % der Futtertiere ausmachten, trugen bei beiden Geschlechtern nur 5 % des Nahrungsvolumens bei.

In ähnlichen Studien von Vences & Kniel (1998) bestand der Inhalt der Mägen von *M. haraldmeieri*, *M. nigricans*, *M. betsileo* und *M. laevigata* zu 74 % aus Ameisen, gemessen an der Gesamtzahl der Beutetiere. Bei einer Studie von Clark et al. (2005), in der der Mageninhalt von *M. baroni*, *M. madagascariensis* und *M. bernhardi* untersucht wurde, lag der gefundene Anteil an Ameisen bezüglich der Gesamtanzahl der Futtertiere bei 67 %.

Die Interpretation dieser Studien lässt bezüglich der Wichtigkeit von Ameisen als Nahrung für *Mantella*-Arten etwas Interpretationsspielraum, da nicht geklärt ist, ob die bei den Studien ermittelte prozentuale Anzahl der Beutetiere aus den Mägen lediglich das Verhältnis der im Lebensraum vorkommenden Insekten widerspiegelt, oder ob die Mantellen gezielt Ameisen fressen. Bei der Studie von Woodhead et al. wurden die Beutetiere – abgesehen von den fliegenden Arten – etwa im selben Verhältnis wie in den Mägen der Frösche ebenfalls in der Laubschicht des Bodens gefunden, was in den beiden anderen Studien leider nicht untersucht wurde.

Insgesamt sind all diese Untersuchungen dennoch sehr aufschlussreich in Bezug auf die unterschiedlichen Beutetiere von Mantellen in der Natur.

Mantellen sind kleine Raubtiere. Wie hier bei *M. ebenaui* kann man nicht immer erkennen, wonach die Frösche tatsächlich „schießen".
Foto: A. Altenmüller

Futter im Terrarium

Die Vielfalt heute erhältlicher Futtertiere ist erfreulich. Man bezieht sie über spezialisierte Fachgeschäfte, Online-Händler oder kann sie natürlich auch selbst züchten.

Ofenfischchen (*Thermobia domestica*)

Ofenfischchen sind ein wunderbares Futter für Mantellen. Sie haben eine weiche Haut und werden in entsprechender Größe bei mir auch von Jungfröschen gern gefressen. Sie sind heutzutage bei den meisten Futtertieranbietern erhältlich, haben allerdings ihren Preis. Mit etwas Geschick lassen sie sich allerdings sehr gut selbst züchten. Allerdings dauert es recht lange, bis die Tiere ausgewachsen sind.

Zur Zucht nutze ich z. B. eine alte Kühlbox, die ich mit einer Heizmatte und kleinen Belüftungslöchern versehe. In der Kühlbox werden Eierkartons gestapelt, die als Unterschlupf dienen. Ebenfalls sollte ein kleines Behältnis mit Wasser und etwas Watte für die Eiablage nicht fehlen. Die Tiere lassen sich aber ebenfalls recht gut in Plastikbehältern züchten, die man an einen warmen Ort wie den Beleuchtungskasten eines Terrariums oder in die Nähe eines Heizkörpers stellt.

Der Vorteil der Ofenfischchen liegt in ihrer Genügsamkeit, was Futter und Feuchtigkeitsbedarf angeht. Ofenfischchen können sich notfalls vom Zellstoff der Eierkartons ernähren und ihren Feuchtigkeitsbedarf über die Luftfeuchtigkeit decken. Als Futter nutze ich Fischfutterflocken.

Anreicherung der Ofenfischchen mit Vitaminen und Mineralstoffen

Ich achte darauf, dass sich der Hinterleib der Ofenfischchen je nach verwendetem Fischfutter etwas gelblich, grünlich oder rötlich verfärbt. Ofenfischchen, die man vergisst zu füttern und die sich deshalb vom Zellstoff der Eierkartons ernähren, tönen sich gräulich. Vor dem Verfüttern an die Frösche können sie in

Ofenfischchen sind bei Mantellen sehr beliebt. Hier *M. aurantiaca* beim Fressen.
Foto: A. Altenmüller

einer Dose mit Vitamin- und Mineralstoffpulver bestäubt werden. Hierzu sei allerdings gesagt, dass bei zu intensivem Bestäuben die Ofenfischchen bewegungslos im Terrarium verweilen und dann von den Fröschen nicht mehr gefressen werden. Ebenfalls sollten Ofenfischchen nicht direkt nach dem Beregnen verfüttert werden, denn dann bleiben sie häufig auf den noch feuchten Blättern kleben und sterben letztendlich.

Fruchtfliegen (*Drosophila*)

Die *Drosophila* oder Fruchtfliege ist wohl das beliebteste Futtertier für Frösche in der Größe von Mantellen. Fruchtfliegen lassen sich sehr einfach selber züchten und sind dank der heute erhältlichen flugunfähigen Zuchtformen leicht zu verfüttern. Aktuell gibt es verschiedene flugunfähige Formen, die allesamt unterschiedliche Eigenschaften haben. Ich werde darauf noch genauer eingehen.

An Rezepturen für *Drosophila*-Zuchtsubstrate mangelt es nicht. Jeder Terrarianer behauptet das beste, nicht schimmelnde und geruchsneutrale Substrat zu haben. Ich persönlich habe festgestellt, dass die meisten Rezepturen sehr aufwendig herzustellen und meist doch mehr oder weniger geruchsbildend sind.

Die einfachste Lösung ist daher, eine Fertigmischung zu nehmen, wie sie z. B. Kerf als „Drosifix" anbietet. Dieses Pulver ist sehr lange haltbar und muss nur mit Wasser angerührt werden.

Als Zuchtbehälter nutze ich durchsichtige 0,5-l-Becher, schneide ein Loch zur Belüftung in den Deckel, fülle etwa 2 cm hoch das Zuchtsubstrat ein und gebe Holzwolle darauf, damit die *Drosophila* Lauffläche haben. Unter den Deckel klemme ich ein Stück Vlies, sodass die *Drosophila* nicht durch das Loch im Deckel entweichen können.

Bestückt man so einen Ansatz mit einigen *Drosophila*, hat man je nach Temperaturen in einigen Tagen die erste neue Generation, die man an die Frösche verfüttern kann.

Ein kleiner Tipp: Gewöhnlich trocknet das Zuchtsubstrat nach ca. drei Wochen ein. Ich gebe daher immer mal wieder etwas Wasser und Multisanostol hinzu (alternativ: die Drogeriekette dm bietet Multivitaminsirup ihrer Hausmarke „Das gesunde Plus" an), um ein Eintrocknen des Zuchtsubstrates zu verhindern. Auf diese Weise kann so ein Zuchtansatz sogar 6–8 Wochen ergiebig sein.

Einige wichtige Eigenschaften unterschiedlicher *Drosophila*

Große Fruchtfliege (*Drosophila hydei*)

Diese Fruchtfliegen eignen sich aufgrund ihrer Größe besonders gut, um die Frösche satt zu bekommen. Sie können zudem mehr Mineralstoffe und Vitamine über den Multivitaminsirup aufnehmen als andere *Drosophila*. Nachteile sind die recht harte Chitinhülle und die relativ großen Flügel. Speziell meine *M. madagascariensis* hatten nach häufiger Fütterung mit dieser *Drosophila*-Art öfter Probleme mit Darmvorfällen.

„Turkish Glider"

Turkish Glider ist eine sich sehr schnell reproduzierende *Drosophila*-Sorte. Die Zuchtansätze sind bei mir meist die ersten, die eine neue Generation Fruchtfliegen hervorbringen, und können so schnell für Nachschub sorgen, sollte es bei der Futtertierbeschaffung Engpässe geben. Die Ansätze sind meist sehr ergiebig. Der Namensbestandteil „Glider" rührt von der Fähigkeit zum „Gleitflug" her, mit dem die Fliegen von erhöhten Positionen herabschweben.

„Ameise"

Die „Ameise" ist eine sehr kleine, flügellose *Drosophila*. Sie ist recht gut zu vermehren, braucht allerdings etwas länger als Turkish Glider, um eine neue Generation zu bilden. Ist ein Ansatz allerdings am Laufen, hält er bei mir meist am längsten von allen *Drosophila* und ist extrem ergiebig.

Unschlagbare Vorteile der „Ameise“ sind die Größe oder besser gesagt ihre Winzigkeit und das Fehlen der Flügel. Aus diesem Grund kann sie relativ bald von Jungfröschen überwältigt und gefressen werden und ist bei der Aufzucht frisch metamorphosierter Landgänger extrem vorteilhaft.

„White Eyes“

Dies sind wohl die bekanntesten und am häufigsten erhältlichen Fruchtfliegen und als *Drosophila melanogaster* im Futtertierhandel erhältlich. Sie sind in Schnelligkeit der Reproduktion und Körpergröße im Vergleich zu den anderen *Drosophila* eher durchschnittlich.

Anreicherung der *Drosophila* mit Vitaminen und Mineralstoffen

In regelmäßigen Abständen gebe ich einen Schuss Multisanostol bzw. den bei dm erhältlichen Multivitaminsirup in die Zuchtansätze. Auf diese Weise können die *Drosophila* wichtige Vitamine und Mineralstoffe direkt aufnehmen. Ich empfehle, die Fruchtfliegen 1–2 Tage nach Zugabe des Multivitaminsirups zu verfüttern. Auf diese Weise dürften die *Drosophila* die meisten Vitamine und Mineralstoffe schon in sich tragen. Man sollte beim Verfüttern der Fliegen immer darauf achten, dass ihr Hinterleib groß und prall ist, da dies für einen guten Ernährungszustand der Fliegen spricht.

Die „Ameise“ ist ein hervorragendes Futter für Jungfrösche
Foto: A. Altenmüller

In regelmäßigen Abständen (siehe S. 53) bestäube ich die Fruchtfliegen vor dem Verfüttern an die Frösche in einer verschließbaren Plastiktüte mit Vitamin- und Mineralstoffpulver – mit der Tüte klappt das bei mir besser als mit einer Dose, da hier die Fliegen oft recht schnell herauskrabbeln.

Micro-Heimchen (*Acheta domesticus*)

Micro-Heimchen sind für Froschhalter wohl neben den *Drosophila* die wichtigste Futtertierart. Man kann sich die Mühe machen, Heimchen oder Grillen selber zu züchten. Bei Mantellen kann man jedoch nur die kleinste Variante verfüttern, nämlich die Micro-Heimchen, weshalb sich der Aufwand der Eigenzucht kaum lohnt. Gut besetzte Futterdosen sind relativ günstig über den Futtertierversand erhältlich. Neben Heimchen kann man ebenfalls die „Micro-Variante“ von Kurzflügelgrillen (*Gryllus sigillatus*) und Steppengrillen (*Gryllus assimilis*) verfüttern. Leider sind diese beiden Arten in der für Mantella gut zu fressenden Micro-Größe nur selten zu bekommen.

Anreicherung der Micro-Heimchen mit Vitaminen und Mineralstoffen

Ich gebe meinen Micro-Heimchen 1–2 Tage vor dem Verfüttern an die Frösche qualitativ hochwertiges Fischfutter und zusätzlich sogenanntes Heimchengel, das mit Kalzium angereichert ist. Nach meinen Erfahrungen fressen die Heimchen deutlich mehr Fischfutter, wenn sie zusätzlich ihren Feuchtigkeitsbedarf decken können. Ich verwende das Fischfutter TetraMin Pro Crisps, wodurch sich die Hinterleiber der Heimchen rot oder grün verfärben, was ein gutes Zeichen dafür ist, dass sie gut genährt sind.

Auch Micro-Heimchen lassen sich in verschließbaren Plastiktüten durch Schütteln wunderbar mit Vitamin- und Mineralstoffpulver bestäuben.

Springschwänze (Collembola)

Springschwänze sind mittlerweile als Futtertiere nicht mehr wegzudenken. Man kann verschiedene Arten bei zahlreichen Anbietern als Zuchtansätze beziehen. Die Nachzucht ist sehr einfach.

Ich verwende zur Zucht der gewöhnlichen weißen Art flache Dosen, die ich mit ca. 2 cm Weißtorf befülle. Einige Springschwänze reichen als Zuchtansatz aus. Gefüttert wird mit Fischfutterflocken. Nach ein paar Wochen wimmelt der Ansatz bei guter Pflege und dunkler Lagerung nur so von kleinen, weißen Springschwänzen. Der Torf sollte immer feucht, nicht nass, gehalten werden. Es passiert leider immer mal wieder, dass Zuchtansätze von Raubmilben befallen werden, die man allerdings ebenfalls gut an die Frösche verfüttern kann. Diese Ansätze muss man jedoch leider verwerfen. Springschwänze sind speziell bei Nachzuchterfolgen immens wichtig, da die Landgänger der meisten *Mantella*-Arten zu klein sind, um *Drosophila* oder gar Micro-Heimchen zu überwältigen. In den ersten Wochen dienen sie also als einzige Nahrungsquelle und sollten deshalb bei Zuchterfolgen in ausreichenden Mengen zur Verfügung stehen. Sie lassen sich einfach aus der Zuchtdose in das Terrarium blasen.

Weiße Assel (*Trichorhina tomentosa*)

Weiße Asseln lassen sich ähnlich wie Springschwänze züchten, was Dosen, Torf und Futter angeht, allerdings sollte man hier darauf achten, dass der Torf immer locker bleibt, da sich die Asseln gerne in das „Erdreich" zurückziehen. Ansätze sind ebenfalls bei zahlreichen Futtertieranbietern erhältlich.

Anreicherung der Springschwänze und Weißen Asseln mit Vitaminen und Mineralstoffen

Über hochwertige Fischfutterflocken lassen sich die Springschwänze und Weißen Asseln gut mit Vitaminen und Mineralstoffen anreichern. Auch hier sollte man die Springschwänze und Asseln etwa 1–2 Tage nach der Fütterung den Fröschen geben.

Kleine Heimchen sollten vor dem Verfüttern ihrerseits hochwertig angefüttert werden
Foto: A. Altenmüller

Springschwänze sind speziell für die Aufzucht von Jungfröschen extrem wichtig
Foto: A. Altenmüller

Weiße Assel
Foto: A. Altenmüller

Spinnen

Spinnen stehen bei meinen Mantellen regelmäßig auf dem Speiseplan: In meinem Froschzimmer hat sich eine Kolonie von Kugelspinnen breitgemacht, die trotz regelmäßiger Reduzierung an Individuen immer wieder explosionsartig wächst. Ich sammle regelmäßig Spinnen ab und verfüttere sie an meine Frösche. Interessant ist zu beobachten, dass die Mantellen, allen voran *M. aurantiaca*, regelrecht Jagd auf die Spinnen machen. Die Frösche sind bei keinem anderen Futtertier so aktiv und munter. Es kann mitunter passieren, dass 3–4 Frösche gleichzeitig ein und dieselbe Spinne jagen. Ich nehme an, dass die Bewegungen der Achtbeiner einem bestimmten Beuteschema entsprechen.

Vorsichtig sollte man dennoch sein: Ich verfüttere die Spinnen stets einzeln und vergewissere mich, dass jede auch gefressen wird und nicht zu groß als Beutetier ist. Man sollte aufpassen, dass keine zu großen Spinnen im Terrarium landen und am Ende die Frösche zu Spinnenfutter werden.

Ameisen

Wie S. 45 ausgeführt, sind Ameisen in der Natur häufige Beutetiere von Mantellen. Ich habe versuchsweise immer mal wieder Ameisen verfüttert – teilweise wurden sie gefressen, teilweise jedoch sofort wieder ausgespuckt. Man sollte beim Verfüttern vorsichtig sein und die Frösche sorgfältig beobachten. Ameisen als Futtertiere zu züchten, ist kaum ergiebig genug und lohnt daher den Aufwand nicht. Staniszewski (2001) erwähnt, dass Ameisen aus unseren Breitengeraden meist eine starke Ameisensäure als Abwehr verwendeten, weshalb er nur die fliegenden Formen verfüttere, also die Königinnen und die Männchen.

Blattläuse

Blattläuse lassen sich im Frühsommer recht gut an Blättern von ungespritzten Obstbäumen und anderen Pflanzenarten wie z. B. Schilfrohr sammeln. Ich nehme gewöhnlich einige besonders stark mit Blattläusen besetzte Blätter mit und lege sie an verschiedenen Stellen im Terrarium ab. Sobald die Pflanzen-

Speziell für *M. aurantiaca* sind Spinnen eine hervorragende Bereicherung des Speiseplans
Foto: A. Altenmüller

säfte aus den Blättern gesaugt sind, fangen die Blattläuse an, sich auf die Suche nach neuen, saftigen Blättern in Bewegung zu setzen. Die Frösche fressen dann die herumlaufenden Insekten. Im Futtertierhandel werden heutzutage immer häufiger auch Erbsen- oder Bohnenblattläuse angeboten. Auch sie bieten eine gute Alternative.

Speisemotten

Mehlmotten (*Ephestia kuehniella*) oder Dörrobstmotten (*Plodia interpunctella*) sind leider immer wieder im Haushalt zu finden. Diese recht kleinen Mottenarten eignen sich allerdings hervorragend als Futter für Mantellen. Sowohl die ausgewachsenen Motten als auch ihre Raupen werden gerne von meinen Fröschen genommen und bieten eine hervorragende Abwechslung im Speiseplan. Eine meiner Patientinnen brachte mir immer wieder ihre Trockenfuttersäcke für Hunde, die von Dörrobstmotten befallen waren. Die Maden ließen sich einfach heraussammeln und an die Frösche verfüttern. Allerdings ist bei solchen Vorratsschädlingen natürlich immer höchste Vorsicht geboten, will man sich nicht ein großes Problem in den Haushalt einschleppen.

Wachsmaden (*Galleria mellonella*)

Wachsmaden sind die Larven der Wachsmotte. Mantellen fressen sie gerne, da sie recht weich sind. Allerdings lassen sich nur kleine Exemplare verfüttern. Im Futtertierversand werden Maden im Zuchtsubstrat angeboten, aus dem sie sich mit etwas Geduld einfach heraussammeln lassen. Leider sind oft auch viele größere Maden in diesen Dosen vorhanden, die von den Fröschen nicht überwältigt werden können.

Bohnenkäfer (*Bruchus quadrimaculatus*)

Seit einigen Jahren werden Bohnenkäfer im Futtertierhandel angeboten. Der Größe nach wären sie eigentlich hervorragend als Futter für Mantellen geeignet. Ich selbst verfüttere sie zwar nicht mehr, da ich den Eindruck hatte, dass die Frösche sie aufgrund ihrer harten Schale immer wieder ausspuckten, andere Mantellenhalter allerdings schwören auf Bohnenkäfer als Futtertiere.

Auf Madagaskar findet man in den Lebensräumen der verschiedenen Mantellen, hier von *M. pulchra*, immer Ameisen und Termiten
Foto: A. Altenmüller

Wiesenplankton

Wer die Möglichkeit hat, auf einer naturbelassenen Wiese „Wiesenplankton" zu keschern, also diverse kleine Wirbellose, bietet seinen Fröschen die abwechslungsreichste Kost. Man braucht lediglich einen feinmaschigen Kescher, eine Wiese mit mindestens kniehohem Gras und ein wenig Geduld. Binnen weniger Minuten kann man auf diese Weise

Im Sommer sind Blattläuse eine kostengünstige Ergänzung des Futters
Foto: A. Altenmüller

Fliegen, Käfer, Spinnen und allerlei Insekten fangen, die sonst nicht zu beschaffen wären. Man sollte allerdings abwägen, was aus dem Kescher später auch tatsächlich in das Terrarium gelangt. Zu große Spinnen oder Insekten mit scharfen Beißwerkzeugen kommen bei mir nicht zu den Fröschen. Wichtig ist, sicherzugehen, dass auf oder in der Nähe der Wiese keine Insektizide versprüht werden. Dass nur Tiere verfüttert werden, die nicht unter Artenschutz stehen, ist selbstverständlich.

Es gibt aber auch andere Möglichkeiten, Futter aus der Natur zu gewinnen. Unter Steinen und Wurzeln verbirgt sich eine Vielzahl kleiner Lebewesen, die sich aufgrund ihrer geringen Größe als Futter eignen. Das Sammeln von Laub und den darin enthaltenen Kleinsttieren bietet sich ebenfalls an, zumal dies laut Woodhead et al. (2007) genau der Bereich ist, in dem viele Mantellen in ihrem natürlichen Habitat jagen, z. B. *M. aurantiaca*. Vorsicht ist allerdings immer geboten, da man u. U. Untermieter in die Terrarien einschleppt, die unangenehm sein oder den Fröschen Schaden zufügen können.

Staniszewski (2001) erwähnt außerdem das Fangen von Fluginsekten mittels Schwarzlichtfallen in der Nacht. Ich hatte immer wieder Probleme damit, dass viele der gefangenen Falter und sonstigen Fluginsekten am Tag nicht aktiv sind und somit nicht von den tagaktiven Fröschen gefressen werden. Ich beregne das Terrarium dann allerdings immer wieder, wodurch die nachtaktiven Insekten kurzfristig aufgescheucht werden und die Frösche die Möglichkeit bekommen, sie zu fressen.

Mantella ebenaui
Foto: H.-P. Berghof

Versorgung der Futtertiere

Futtertiere aller Art sollten grundsätzlich gut ernährt an unsere Pfleglinge verfüttert werden. Nur so tragen sie die bestmögliche Quantität und Qualität an Nährstoffen, Vitaminen und Mineralstoffen in sich, die für unsere Frösche notwendig sind. Wenn wir unsere Frösche vielseitig und abwechslungsreich füttern möchten, sollten wir bei den Futtertieren beginnen. Viele Terrarianer glauben, das regelmäßige Bestäuben der Futtertiere mit Vitamin- und Mineralstoffpulver reiche aus, den Bedarf der Terrarientiere an diesen Stoffen zu decken. Vom Menschen wissen wir aber, dass der Magen/Darm-Trakt nur in bestimmten Bereichen bestimmte Stoffe zersetzen und aufnehmen kann, und das sogar oft ausschließlich in bestimmten Kombinationen und bestimmten Verhältnissen zueinander – dies ist bei Fröschen sicher ebenso der Fall. Wenn sich diese Stoffe also im Darm der Futtertiere befinden, ist die Wahrscheinlichkeit höher, dass unsere Frösche die Vitamine und Mineralstoffe aufnehmen können, da sie sozusagen natürlich verpackt sind. Wie man die Futtertiere bestmöglich mit diesen Stoffen „lädt", habe ich bei den einzelnen Arten bereits beschrieben.

Vitamine und Mineralstoffe

Im Terraristikhandel werden verschiedene Präparate an Vitamin- und Mineralstoffpulvern angeboten. Die Qualität der einzelnen Präparate variiert. Bewährt haben sich solche Pulver, die sehr fein sind, da diese besser an den Futtertieren haften bleiben. Ich verwende im Wechsel unterschiedliche Präparate, die entweder mehr Vitamine oder mehr Mineralstoffe enthalten. Häufig mische ich sie auch.

Leider kam es in den 1990er-Jahren bei meinen *M. aurantiaca* immer wieder zu Problemen mit Hautveränderungen, wenn ich die Futtertiere zu häufig bestäubte. Die Frösche bekamen dann auf dem Rücken kleine, weiße Pusteln, die nach 2–3 Wochen verschwanden, aber kleine Narben hinterließen. Abstriche, die mein Vater in seinem Labor mikroskopisch untersuchte, zeigten Kalziumkristalle. Bereits STANISZEWSKI (2001) erwähnt, dass ein zu häufiges Bestäuben der Futtertiere zu gesundheitlichen Schäden bei den Fröschen führen kann und dass man immer wieder beobachten kann, dass Mantellen bestäubte Futtertiere nach dem Leimen mit der Zunge wieder ausspucken und anschließend die Zunge am Boden „abstreifen". Dieses Verhalten konnte auch ich immer wieder bei diversen Arten nachweisen.

Ich bestäube seitdem die Futtertiere nur noch alle 2–3 Wochen und achte besonders auf ihre gute Ernährung, zumal überdosierte Mineralstoffe und Vitamine schädlich für unsere Frösche sein können. Im Handel werden Lampen und Leuchten angeboten, die zur Bildung des für den Knochenaufbau so wichtigen Vitamins D_3 beitragen. Ich habe meine Terrarien allerdings so eingerichtet, dass die Beleuchtung auf dem Glas der Terrariendecke aufliegt. Die für die Vitamin-Synthese wichtige UV-Strahlung wird dadurch wohl vollständig abgeblockt. Es wäre sicher einen kontrollierten Versuch wert, herauszufinden, ob eine Beleuchtung mit UV-Licht der Gesundheit der Frösche zuträglich ist.

Die Fütterung bietet auch eine hervorragende Möglichkeit, die Tiere zu beobachten Foto: A. Altenmüller

Fütterung

Jeder Froschliebhaber hat seine eigenen Methoden, wann, wie häufig oder zu welcher Tageszeit er seine Frösche füttert. Ich versuche dies möglichst individuell zu gestalten. Die Frösche sollen nicht konditioniert werden, sondern wie in der Natur möglichst viele unberechenbare Einflüsse erfahren. Ich nutze die Fütterung zwar wie beschrieben zur Beobachtung der Frösche und besprühe meist zuerst die Terrarieneinrichtung, bevor die Frösche gefüttert werden. Nur so kann ich beurteilen, wie der Zustand der Frösche ist, wann etwa sie die nächste Fütterung benötigen und in welchem Umfang.

Ich versuche nicht nur mit den Futtertierarten Abwechslung in das Leben meiner Frösche zu bringen, sondern auch mit der Tageszeit, zu der gefüttert wird, der Menge der Futtertiere und der Häufigkeit der Fütterungen pro Woche.

Werden die Futtertiere mit Vitamin- und/oder Mineralstoffen bestäubt, beregne ich die Terrarien nicht vor der Fütterung, um durch

Jungfrösche (hier von *Mantella viridis*) sollten „im Futter stehen". Gerade Jungfrösche dieser Art bewältigen schon verhältnismäßig große Futtertiere, wie diese *Drosophila*
Foto: A. Altenmüller

die erhöhte Luftfeuchtigkeit ein Verkleben der Futtertiere durch das Pulver zu vermeiden. Ofenfischchen sind im Übrigen sehr unbeholfen, was ihre Mobilität angeht. Verfüttert man sie nach dem Beregnen oder Benebeln des Terrariums, bleiben sie oft an Wassertropfen kleben und können sich nicht mehr fortbewegen. Auch sie werden deshalb bei mir nicht vor oder nach dem Beregnen des Terrariums verfüttert, ob sie nun bestäubt wurden oder nicht.

Man sollte aber ebenfalls nicht vergessen, die Gewohnheiten der Frösche selber bei der Fütterung zu berücksichtigen. Besonders *M. viridis* und *M. expectata* sind bei mir meist in den Morgen- oder Abendstunden aktiv, wenn das Licht dämmrig ist. Gerade in Gesellschaftsbecken sollte man deshalb auch immer wieder zu diesen Aktivitätszeiten Futter anbieten. In meinem Gesellschaftsbecken von *M. laevigata* und *M. viridis* zeigen sich Letztere zwar auch am Tage bei der Fütterung, allerdings habe ich immer wieder das Gefühl, dass die *M. laevigata* einen Großteil wegschnappen, bevor die versteckt lebenden *M. viridis* mitbekommen, dass sich gerade Futter im Terrarium befindet.

Bei der Fütterung von Jungtieren sollten verschiedene Besonderheiten berücksichtigt werden. Jungfrösche werden bei mir grundsätzlich täglich gefüttert. Sie müssen regelgerecht „im Futter stehen“, da sich die Landgänger der meisten Mantellen nicht oder nur selten aus ihren Verstecken entfernen und daher sozusagen nur das fressen, was direkt an ihnen vorbeiläuft. Außerdem ist bei den Jungfröschen eine reichhaltige und hochwertige Ernährung besonders wichtig, um Fehlbildungen und Entwicklungsstörungen zu vermeiden. Hier achte ich noch intensiver auf eine gute Versorgung der Futtertiere.

Beim Thema „Fütterung“ geht in meinen Augen nichts über eine gute Beobachtung der Frösche und eine entsprechende Reaktion auf ihr Verhalten, was aber Geduld und Erfahrung voraussetzt.

Nur hochwertig ernährte Tiere kommen in Paarungsstimmung, wie hier *Mantella laevigata*
Foto: A. Altenmüller

Mantellen erfolgreich nachzüchten

Bei der Haltung von Mantellen wird immer wieder über die optimale Gruppengröße und die optimalen Maße der Terrarien diskutiert. Wie schon erwähnt, ist meine Meinung zum letztgenannten Punkt: Je größer ein Becken, desto einfacher ist es, darin ein artgerechtes Klima zu schaffen. Es ist wichtig, dass die Frösche die Möglichkeit haben, sich die optimalen Bedingungen nach ihren Bedürfnissen selbst zu suchen. Ist ein Terrarium groß genug, kann ich darin unterschiedlichste Klimabereiche anbieten, in die sich die Tiere zurückziehen können. Dazu reichen bereits Becken mit den Maßen 80 x 50 x 70 cm (Breite x Tiefe x Höhe), auch wenn ich in diesem Buch über Becken von 235 x 70 x 100 cm (Breite x Tiefe x Höhe) berichte.

Wichtig ist eine dichte Vegetation, die den Fröschen bei hohen Temperaturen als kühlende Rückzugsmöglichkeit dient, bei zu niedrigen Temperaturen aber auch die Möglichkeit bietet, näher an die warme Beleuchtung an der Terrariendecke zu klettern. Selbst überwiegend bodenbewohnende Arten wie *M. aurantiaca* sind häufig wenige Zentimeter unter der Terrariendecke zu finden.

Ein weiterer wichtiger Punkt ist, dass die Tiere sich individuell Versteckplätze suchen können. Mantellen bilden im Gegensatz zu vielen Pfeilgiftfröschen keine Reviere und verteidigen diese bis zum Äußersten, was bei Pfeilgiftfröschen zu dauerhaftem Stress und wohl auch zum Tod eines Rivalen führen kann. Allerdings haben Männchen vieler *Mantella*-Arten nach meinen Erfahrungen ihre bevorzugten Rufplätze, die sie teilweise mit kurzen Ringkämpfen gegen rivalisierende Männchen behaupten. Leider kann es bei diesen Ringkämpfen gelegentlich vorkommen, dass einer der Kontrahenten im Wasserteil ertrinkt, wenn der Wasserstand durch häufiges Beregnen oder Benebeln in der Paarungszeit zu tiefe Stellen aufweist. In der Regel zeigen Mantellen aber

Gut bewachsenes Gesellschaftsbecken von *Mantella laevigata* und *M. pulchra* mit den Maßen 135 x 70 x 50 cm (L x H x T)
Foto: A. Altenmüller

selbst in der Paarungszeit nur selten aggressives Verhalten untereinander; solche Kämpfe sind daher kaum einmal zu beobachten und dauern nicht lange an. Zudem scheint eine größere Gruppe von 10–12 Tieren eine positive Wirkung auf die Frösche zu haben und die einzelnen Männchen eher zum Rufen zu stimulieren. Häufig ist eine zu geringe Anzahl an Männchen in einem Terrarium der Grund, weshalb eine erfolgreiche Zucht ausbleibt.

Ich halte Mantellen der unterschiedlichsten Arten daher nach Möglichkeit in einer Gruppengröße von mindestens zehn Exemplaren. Ein weiterer Vorteil dabei ist, dass die Wahrscheinlichkeit recht groß ist, mehrere Frösche beider Geschlechter in der Gruppe zu haben. Zudem scheinen bei einigen Arten Männchen, die keine Paarungsbereitschaft zeigen, dennoch nach der eigentlichen Laichablage die Gelege zusätzlich zu befruchten (eig. Beob.). In größeren Becken mit den Maßen 135 x 50 x 70 cm (L x T x H) bis 235 x 70 x 100 cm (L x T x H) halte ich teilweise 20 Tiere einer Art und mehr, die keinerlei aggressives Verhalten untereinander zeigen, nicht einmal in der Paarungszeit. Bei zu kleinen Gruppen dagegen kann es immer wieder passieren, dass einzelne paarungsbereite Männchen ihre Rufaktivitäten für mehrere Tage unterbrechen und ausgerechnet in dieser Zeit laichbereite Weibchen ihre Eier „verlieren“, die dann einzeln oder in kleineren Klumpen von bis zu etwa zehn Eiern im Terrarium verteilt herumliegen.

Laichbereites Weibchen von *Mantella aurantiaca*, das mangels eines paarungsbereiten Männchens die Eier „verliert“ Foto: A. Altenmüller

Zwei Männchen von *Mantella aurantiaca* bei einem der seltenen Ringkämpfe Foto: A. Altenmüller

Geschlechtsbestimmung

Die Geschlechter sind bei einigen Arten leichter, bei anderen Arten schwieriger zu unterscheiden. Am besten lassen sie sich nach meinen Erfahrungen bei *M. aurantiaca* bestimmen, wenn auch leider nur bei adulten Exemplaren. Am schwierigsten gestaltet sich die Geschlechtsbestimmung bei *M. laevigata*, da die immer nur einzelne Eier produzierenden und legenden Weibchen in Körperform und -größe den Männchen entsprechen. Lediglich in der Paarungszeit lässt sich bei dieser Art anhand der Rufaktivitäten der Männchen, bei denen die Schallblase im Kehlbereich gut sichtbar ist, eine sichere Aussage treffen.

In den Artporträts werde ich eingehender auf die jeweilige Bestimmung der Geschlechter eingehen.

Voraussetzungen für die Nachzucht

Grundvoraussetzungen für eine erfolgreiche Nachzucht sind eine gewisse Beobachtungsgabe des Halters und seine Bereitschaft, sich Zeit für die Tiere zu nehmen. Natürlich stehen Faktoren wie passende Haltungsbedingungen (Terrariengröße, Klima, hochwertiges, abwechslungsreiches Futter etc.) im Vordergrund, allerdings werden die Beobachtung der Frösche und das Handeln bei Abweichungen ihres Verhaltens meist unterschätzt.

Ich werde sehr häufig gefragt, bei welchen Temperaturen und welcher Luftfeuchtigkeit ich die Tiere halte, was ich an Futtertieren gebe usw. Meine Antwort: Ich beobachte meine Frösche. Sind sie zu dick, bekommen sie einige Zeit wenig oder nichts zu fressen, sind sie zu dünn oder suchen das Terrarium nach Futter ab, bekommen sie vermehrt Nahrung geboten. Rufen einzelne Männchen oder wirken einige Weibchen kugelrund – ein Zeichen für ihren Laichansatz –, wird mehrmals am Tag beregnet und häufiger in der Woche gefüttert.

Darum habe ich in meinen Terrarien keine Beregnungsanlage installiert. Ich sprühe in jedem einzelnen Terrarium nach Bedarf per Hand und füttere meist anschließend die Frösche, wie oben schon beschrieben, was eine gute Beobachtung und Einschätzung beispielsweise ihres Gesundheitszustands erlaubt. Froschhalter, die eine Beregnungsanlage installiert haben, beklagen sich oft, sie würden ihre Frösche kaum zu Gesicht bekommen. Wenn ich die Frösche nicht sehe oder mir keine Zeit nehme, sie zu beobachten, kann ich leider auch nicht beurteilen, wie es ihnen geht, wie sie sich verhalten oder was sie brauchen.

Laichbereites Weibchen von *M. aurantiaca*, bei dem die reifen Eier durch die Haut als „Beulen" zu erkennen sind
Foto: A. Altenmüller

Stimulation

Die Paarungsstimulation kann auf unterschiedliche Weise geschehen.

Vergrößerung der Gruppe

Ich habe immer wieder beobachtet, dass durch das Einbringen neuer Exemplare in eine Gruppe, also durch deren Vergrößerung, die Paarungsbereitschaft einzelner Tiere gesteigert werden kann. Sowohl zusätzliche rufende Männchen als auch zusätzliche Weibchen können die alteingesessenen Männchen zum Rufen animieren. Erklären lässt sich dies vielleicht damit, dass bei einigen Arten zur Paarungszeit eine große Anzahl an Fröschen an den Laichplätzen anzutreffen ist. Allerdings sollte die Gruppengröße im Verhältnis zum Terrarienvolumen stehen, denn eine zu große Anzahl an Fröschen auf zu engem Raum kann auf die Dauer auch das Gegenteil bewirken.

Erhöhung der Raumtemperatur

Eine deutliche Erhöhung der Raumtemperatur kann bei Mantellen ebenfalls eine erhebliche Steigerung der Paarungsbereitschaft bewirken. Ich betone hier allerdings deutlich die Erhöhung der Temperatur des Raumes, in dem das Terrarium steht, und nicht der Temperatur im Terrarium mittels Strahler, Heizmatte oder Heizkabel. Oft kommt es dazu automatisch im Frühjahr, wenn in unseren gemäßigten Zonen die Außen- und in der Folge auch die Innentemperaturen in der Wohnung steigen.

Rufendes Männchen von *Mantella aurantiaca*
Foto: A. Altenmüller

Das Einbringen zusätzlicher Exemplare in eine bestehende Gruppe kann sehr gut zur Stimulation beitragen. Hier im Bild *M. viridis*.
Foto: A. Altenmüller

Das Beregnen der Terrarien ist eine gute Möglichkeit, die Männchen zu stimulieren
Foto: A. Altenmüller

Auch eine künstliche Erhöhung der Raumtemperatur kann zum Erfolg führen. Wie schon im Kapitel „Klima und Temperaturen" angedeutet, bemerkte ich im Februar 2010, dass in den Terrarien, in denen ich meine Jungfrösche hielt, die Temperaturen in Bodennähe nicht über 15 °C stiegen und die Tiere die Nahrungsaufnahme fast völlig eingestellt hatten. In meiner Anlage sitzen die Jungfrösche in den unteren Terrarienreihen, die Zuchtgruppen in den mittleren und oberen. Trotz Deckenventilators waren in den unteren Terrarien die Temperaturen also nur sehr gering, weshalb ich die Heizung meines Terrarienzimmers aufdrehte und die Raumtemperatur dadurch deutlich erhöhte. Zwei Wochen später hatte ich die ersten Gelege von *M. aurantiaca*, *M. pulchra*, *M. madagascariensis* und *M. laevigata*.

Verlängerung der Tageslichtdauer

Eine gesteigerte Tageslichtdauer ist nach meinen Erfahrungen ebenfalls ein guter Auslöser für eine erhöhte Paarungsbereitschaft. Ich verwende bei all meinen Terrarien Zeitschaltuhren zum Ein- und Ausschalten der Beleuchtung. Im Frühjahr, wenn die Außentemperaturen und die natürliche Tageslichtdauer bei uns steigen, stelle ich meine Zeitschaltuhren für die Beleuchtung ebenfalls um. Im Winter beleuchte ich die Terrarien nur etwa zehn Stunden pro Tag, während die Zeitschaltuhren ab April auf 12–13 Stunden Beleuchtungsdauer pro Tag gestellt werden. Die Frösche zeigen dann deutlich mehr Aktivitäten, die Männchen fangen nach einigen Tagen verstärkt an zu rufen.

Erhöhung der Luftfeuchtigkeit

Wie auch bei vielen anderen Amphibienarten lässt sich die Paarungsbereitschaft der Mantellen über die relative Luftfeuchtigkeit stimulieren. In Kombination mit den anderen hier aufgeführten Punkten ist eine erhöhte Luftfeuchtigkeit wahrscheinlich der wichtigste

Gesichtspunkt zur Einleitung der Paarungsbereitschaft, denn alle Mantellen laichen an Land – die Gelege sind also von Regenfällen und dem Steigen der Wasserspiegel in den Habitaten abhängig. Nur so ist gewährleistet, dass sie gezeitigt werden.

Man kann die Luftfeuchtigkeit auf verschiedene Weisen erhöhen, z. B. dadurch, dass ich zur Einleitung der Laichperiode die Terrarieneinrichtung teilweise mehrere Male am Tag besprühe. Dies simuliert meines Erachtens den Beginn einer Regenzeit am deutlichsten. Bei verschiedenen Arten beneble ich das Terrarium zusätzlich mit einem Fakir-Nebler, der außerhalb des Terrariums mittels Ultraschall Wasser vernebelt und über ein Schlauchsystem in das Becken bläst. Je nach Terrariumgröße breitet sich der Nebel binnen weniger Minuten im gesamten Becken aus, was eine relative Luftfeuchtigkeit von fast 100 % erzeugt. Über Zeitschaltuhren kann man die Dauer der Benebelung individuell steuern.

Ein zusätzlicher, meiner Meinung nach nicht ganz unwichtiger Nebeneffekt ist, dass durch häufiges Benebeln und Besprühen der Becken der Wasserstand in den Wassergräben steigt. Viele *Mantella*-Arten laichen in Gewässernähe, weshalb steigende Wasserspiegel in den Habitaten für die Zeitigung der Gelege essenziell sind. Die Frösche nehmen vermutlich auch diesen Faktor wahr und empfinden ihn als Stimulation zur Paarungsbereitschaft.

Ich habe bereits mehrfach erwähnt, dass ich großen Wert auf dichte Vegetation in meinen Becken lege. Schaut man morgens, bevor das Licht eingeschaltet wird, in ein dicht bewachsenes Terrarium, sind die Frontscheiben in den oberen Bereichen meist stark beschlagen, da die Pflanzen ähnlich wie in einem Regenwald in der Nacht Feuchtigkeit abgeben und so die Luftfeuchtigkeit natürlich erhöhen. Man sagt nicht umsonst, dass der Regenwald seinen Regen selbst produziert.

Erhöhung des Futterangebotes

Es ist für mich immer wieder interessant zu sehen, dass manche Männchen bei der Fütterung verstärkt anfangen zu rufen. Ich habe zwar bereits beschrieben, dass ich meist vor der Fütterung die Terrarien besprühe, allerdings füttere ich die Frösche auch hin und wieder – entweder aus Zeitgründen oder wenn ich die Futtertiere mit Vitamin- bzw. Mineralstoffen bestäube – ohne vorher zu beregnen. Auch dann ist die erhöhte Rufbereitschaft zu beobachten. Die Präsenz von Futter scheint daher ein zusätzlicher Stimulus für die Paarungsbereitschaft der Männchen zu sein. Ob es die höhere Futterdichte an sich ist oder die erhöhte Aktivität der übrigen Frösche (auch Weibchen) im Terrarium, weiß ich leider nicht.

Generell füttere ich alle Mantellen in der Paarungszeit häufiger als in den Ruheperioden. Bekommen die Frösche in den Wintermonaten nur ein- bis zweimal pro Woche etwas zu fressen, erhalten sie in den Sommermonaten, in der ich die Paarungszeit stimuliere, drei- bis viermal wöchentlich Futter. Jahreszeitlich bedingt ergänze ich das Angebot dann mit einigen Futtertierarten, die ich nur in der warmen Jahreszeit aus der Natur entnehmen kann. Laut Dr. Rainer Dolch (pers. Mittlg.) ist auf Madagaskar in den warmen, regenreichen Monaten das Futterangebot ebenfalls größer und vielfältiger, weshalb eine gesteigerte Fütterung im Terrarium wohl den natürlichen Bedingungen entspricht.

Umgestaltung des Terrariums und Anbieten zusätzlicher Eiablagemöglichkeiten

Eine Umgestaltung meiner Terrarien hat ebenfalls immer wieder zu einer erhöhten Paarungsbereitschaft beigetragen. Bei *M. viridis* etwa scheint es notwendig zu sein, einen Bachlauf in Betrieb zu nehmen oder zumindest dessen Fließleistung zu erhöhen. *Mantella aurantiaca* hingegen sucht nach Versteckmöglichkeiten in Wassernähe, um dort abzulaichen. Bietet man den Männchen zusätzliche

Nicht bei allen Mantellen ist es so einfach, neue Eiablagemöglichkeiten anzubieten, wie bei *M. laevigata*. Hier eine Filmdose und eine Kokosnuss, die beide mit Wasser gefüllt sind.
Foto: A. Altenmüller

Versteckplätze nahe dem Wasserteil, zeigen sie erhöhte Rufaktivitäten, um die Weibchen zu den bevorzugten Laichplätzen zu locken. Auch *M. laevigata*, die bevorzugt in Laichhöhlen ablaicht, zeigt bei einer Erhöhung der Anzahl solcher Verstecke eine deutlich gesteigerte Paarungsbereitschaft. Diese schaffe ich entweder mittels wasserbefüllter Filmdosen, die relativ senkrecht stehend im Terrarium platziert werden, oder ausgehöhlten Kokosnüssen, die mit einem Loch „am Äquator" versehen und bis zu der Unterkante dieses Loches mit Wasser gefüllt werden.

Eiablage

Je nach Art variiert die Häufigkeit der Eiablage. *Mantella laevigata* produziert bei mir kleine Gelege von einem bis zu drei Eiern, die im Terrarium einzeln an der Wand oberhalb von Wasseransammlungen in kleinen Laichhöhlen abgesetzt werden. Durch diese sehr geringe Anzahl der Eier können die Weibchen über Wochen hinweg quasi permanent Gelege hervorbringen.

Die Weibchen aller anderen *Mantella*-Arten hingegen produzieren weitaus größere Gelege, dafür aber in der Regel nur ein Mal pro Jahr. Im Terrarium kann es jedoch durchaus geschehen, dass durch eine verlängerte Brutperiode Weibchen zwei Gelege pro Jahr absetzen. Dies passierte bei mir bereits mehrfach bei *M. aurantiaca*, wobei es sich stets um Weibchen handelte, die direkt zu Beginn der eingeleiteten Laichperiode ablaichten und etwa 4–5 Monate später ein zweites Gelege hervorbrachten. Beide Gelege entwickelten sich stets sehr gut. Auffällig war hingegen, dass die Anzahl der Eier im jeweils zweiten Gelege deutlich geringer war als im ersten. Bei Wildfangtieren lag die Differenz bei im Schnitt 112 Eiern im ersten Gelege zu 72 Eiern im zweiten. Bei Nachzuchttieren, deren Gelege bei mir generell deutlich weniger Eier zählen, betrug der Unterschied im Mittel 69 Eier im ersten Gelege zu 43 Eiern im zweiten desselben Jahres.

Von meinen anderen Arten kann ich nicht mit Bestimmtheit sagen, ob mehrere Gelege auch von ein und demselben Weibchen abgelaicht wurden, wenn über längere Perioden abgelaicht wurde. Bei meiner Gruppe *M. viridis* allerdings ist es indirekt nachgewiesen, da ich bei 15 Exemplaren bis zu zwölf Gelege pro Laichperiode fand, aber der Gruppe mindestens fünf Männchen angehörten. Die Anzahl der Eier pro Gelege wies allerdings keine auffälligen Differenzen auf.

Ob es in der Natur ebenfalls möglich ist, dass Weibchen von Mantellen – abgesehen von *M. laevigata* – mehrere Gelege pro Jahr produzieren, oder ob dies bei einigen Arten vielleicht sogar Standard ist, entzieht sich meiner Kenntnis.

Eiablagestellen

Jede *Mantella*-Art bevorzugt bestimmte Eiablagestellen. *Mantella laevigata* laicht bei mir am liebsten in mit Wasser gefüllte Filmdosen, Kokosnussschalen oder Bromelientrichtern. Sind solche Eiablagestellen nicht ausreichend vorhanden, werden die Eier schlicht oberhalb des Wasserteils am Boden abgesetzt. In die Kokosnüsse bohre ich ein Loch mit einem

Ei von *Mantella laevigata* an der Innenwand einer Kokosnuss
Foto: A. Altenmüller

Durchmesser von etwa 2–3 cm und kratze anschließend das Fruchtfleisch heraus. Anschließend werden die Kokosnüsse mit der „am Äquator" befindlichen Öffnung nach vorne an erhöhten Stellen in das Terrarium gelegt und bis zur Hälfte mit Wasser gefüllt. Dadurch erhält man die optimale Laichhöhle, die teilweise sogar von mehreren Paaren genutzt wird.

Mantella aurantiaca hingegen bevorzugt in meinen Terrarien einen relativ festen Untergrund, der im Idealfall eine Art Höhle bildet. So habe ich die meisten Gelege unter Moos gefunden, das auf Mangrovenwurzeln wuchs, oder in kleinen Höhlen in den Wurzeln selber. Meistens liegen diese Stellen relativ nah am Wasser, teilweise aber auch in 60 cm Höhe. Eine absolute Ausnahme war ein Gelege, das als „Tropfen" von einem Farnblatt hing. Ein Teil war schon auf den Boden getropft, als ich es fand. Sowohl der Teil im Farn als auch der am Boden entwickelten sich zu 100 %. Ich hatte zu der Zeit das Terrarium intensiv benebelt, weshalb ich vermute, dass die Frösche auch nach den klimatischen Bedingungen suchen, die ein Gelege zur Entwicklung benötigt, und nicht nur nach besonderen Beschaffenheiten des Untergrundes.

Mantella madagascariensis gräbt bei mir kleine Höhlen in den Torf am Rand des Was-

Ein Pärchen von *Mantella aurantiaca* kurz vor dem Ablaichen. Das Männchen krabbelt vor dem Weibchen unter das Moos auf einer Mangrovenwurzel. Ein Gelege befindet sich hier bereits.
Foto: A. Altenmüller

Gelege von *Mantella expectata* im Isalo-Gebirge, das an einer von Gras bedeckten, senkrechten Felswand abgesetzt wurde
Foto: A. Altenmüller

serteils. Die Männchen schauen teilweise nur mit dem Kopf aus solchen Löchern und versuchen, rufend Weibchen anzulocken. Die Gelege, die am Grund der Höhle abgelaicht werden, sind regelgerecht im Erdreich eingegraben, wobei die Löcher natürlich vor den Eiern entstehen. Die Höhleneingänge bleiben auch nach dem Ablaichen offen.

Mantella viridis legt die Eier bei mir bevorzugt unter Moospolster oder in kleine Höhlen in Wurzeln, die sich aber alle nicht weiter als 10 cm vom Rand des nächsten Wasserteils entfernt befinden.

Mantella pulchra bevorzugt sozusagen eine Mischung der Varianten von *M. viridis* und *M. madagascariensis*. Die Männchen graben kleine Kuhlen in den Torf unter Moospolstern und rufen von dort aus nach Weibchen. Die Gelege werden dann in diesen Kuhlen unter dem Moos abgesetzt.

Ein besonders interessantes Verhalten zeigt *M. expectata*. Wir konnten im Isalo-Gebirge bereits Gelege dieser Art finden, die allesamt an steile Felswände geheftet waren.

Diese Wände waren von Gras verdeckt, das an ihrer Basis wuchs und somit die angehefteten Gelege ebenfalls bedeckte. Die Gelege waren teilweise 1–2 m von der nächsten mit Wasser gefüllten Steinvertiefung entfernt. Ich vermute, dass die Quappen mit einem Regenguss schlichtweg in die nächste Wasseransammlung gespült werden.

Im Terrarium fanden meine Frösche kleine Lücken, durch die sie hinter die Xaximplatten gelangen konnten. Die Gelege wurden dann zwischen Terrarienwand und Xaxim abgesetzt, also wie in der Natur an einer steilen Wand.

Mantella nigricans hingegen setzte sämtliche Gelege in meinen Terrarien in kleinen, vom Männchen gegrabenen Kuhlen ab, die maximal 5 cm vom Rand des Wasserteils entfernt waren. Die Kuhlen waren nicht unter Moospolstern o. Ä. versteckt, aber so tief, dass die Kante jeweils mit dem Abschluss der Gallertmasse auf einer Höhe lag und die geschlüpften Quappen wie in einem kleinen See lagen.

Insgesamt gesehen zeigt sich auch hier wieder der Vorteil eines möglichst großen Terrariums, denn hier bieten sich dem Pfleger mehr Möglichkeiten, eine Vielzahl von Eiablagemöglichkeiten zu schaffen, aus denen die Frösche dann wählen können.

Gelege von *Mantella madagascariensis*, das in einer vom Männchen gegrabenen Laichhöhle abgesetzt wurde
Foto: A. Altenmüller

Gelege von *Mantella nigricans* in einer vom Männchen gegrabenen Laichkuhle
Foto: A. Altenmüller

Zeitpunkt und Ablauf der Eiablage

Außer im Fall von *M. laevigata* kann ich nicht mit Bestimmtheit sagen, wann der bevorzugte Ablagezeitpunkt der einzelnen Arten ist. *Mantella laevigata* ist besonders tagsüber paarungsaktiv und lässt sich am Tag gut und häufig beim Ablaichen beobachten. *Mantella aurantiaca* konnte ich zwar ebenfalls öfters tagsüber bei der Eiablage überraschen, fand jedoch bei der morgendlichen Kontrolle der Terrarien auch Gelege, die am Vorabend noch nicht abgesetzt worden waren. Im Gegensatz zu *M. laevigata* rufen die Männchen von *M. aurantiaca* auch nachts. Geht man davon aus, dass der Zeitpunkt der Rufaktivitäten der Männchen in Zusammenhang mit dem Ablaichen der jeweiligen Art zu bringen ist, kann man für die von mir gezüchteten Arten folgende Zeitpunkte festhalten:

- *Mantella aurantiaca*: am Tag, nur selten auch in der Nacht
- *Mantella nigricans*: am Tag, besonders nach Regenfällen, und in der Nacht
- *Mantella laevigata*: nur am Tag
- *Mantella pulchra*: am Tag, seltener kurz nach Einbruch der Dunkelheit
- *Mantella expectata*: am Tag und in der Dämmerung, teilweise auch in der Nacht
- *Mantella viridis*: in der Dämmerung, in den ersten Stunden danach und am Tag, hauptsächlich nach Regenfällen
- *Mantella madagascariensis*: am Tag und in der Nacht, kurz nach der Dämmerung
- *Mantella betsileo*: nur am Tag

Der eigentliche Vorgang der Eiablage lässt sich leider nur selten beobachten. Die Wahrscheinlichkeit, *M. laevigata* dabei zu sehen, ist aufgrund der häufigen Ablage einzelner Eier natürlich größer als bei anderen Arten, bei denen die Weibchen pro Jahr nur ein, selten zwei Gelege produzieren können.

Männchen von *Mantella madagascariensis*, das aus seiner selbst gegrabenen Laichkuhle schaut
Foto: A. Altenmüller

Bei *M. laevigata* ruft das Männchen direkt aus der Laichhöhle heraus oder sitzt rufend in unmittelbarer Nähe der Höhle. Ein laichbereites Weibchen kommt dazu und wird vom Männchen in die Laichhöhle gelockt. Meist findet erst dort der Amplexus (Paarungsgriff) statt, selten sind Pärchen bei einem Amplexus außerhalb der Laichhöhle zu beobachten. Die Ablage der 1–3 Eier, die einzeln oberhalb der Wasseroberfläche an der Wand der Höhle angeheftet werden, bei mir meist mit Wasser gefüllte Kokosnusschalen, kann bis zu zehn Minuten dauern. Interessant ist, dass bei diesem Vorgang die Männchen Laute von sich geben, die sich deutlich von den Anzeigerufen unterscheiden. Während die Paarungsrufe der Mantellen typische Klicklaute sind, die dem Zirpen einer Grille ähneln, sind die Laute, die während der Eiablage ertönen, eher ein deutlich leiseres Trillern. Welchen Zweck diese Rufe haben, weiß ich leider nicht. Vielleicht sollen sie einfach nur die Weibchen zur Eiablage anregen. Sind die Eier abgesetzt, verlässt das Weibchen die Höhle, und das Männchen beginnt erneut zu rufen, um weitere Weibchen anzulocken.

Der Ablauf des Ablaichens bei anderen Arten ist zwar teilweise ähnlich, unterscheidet sich aber schon alleine durch die Gelegegröße und das Fehlen der Notwendigkeit, direkt an einer bereits vorhandenen Wasseransammlung laichen zu müssen. Jedoch lassen sich zwei Kategorien unterscheiden, nämlich Arten, bei denen die Männchen grundsätzlich die Eiablagestelle vorzubereiten scheinen, und solche, bei denen dies nicht der Fall ist.

Bei *M. madagascariensis*, *M. pulchra* und *M. nigricans* konnte ich beobachten, dass die Männchen eine Kuhle, teilweise sogar ein regelrechtes Loch in das Erdreich graben, in das später das Gelege abgesetzt wird. Meist rufen die Männchen auch aus diesen Verste-

Art	Größe der Männchen in mm	Größe der Weibchen in mm	Anzahl der Eier	Eidurchmesser
Mantella betsileo	21,22 ± 1,43 19,75 - 24,00 (11 Männchen)	23,87 ± 0,87 23,02 - 25,30 (4 Weibchen)	73 ± 18 Eier 45 - 85 Eier (4 Gelege)	1,12 ± 0,19 mm 0,92 - 1,52 mm (80 Eier)
Mantella expectata	23,87 ± 2,53 21,00 – 31,30 (17 Männchen)	27,71 ± 1,80 24,40 – 31,70 (14 Weibchen)	69 ± 17 Eier 42 - 86 Eier (5 Gelege)	1,82 ± 0,10 mm 1,68 - 2,03 mm (100 Eier)
Mantella viridis	25,88 ± 2,11 23,12 – 31,20 (20 Männchen)	30,35 ±1,06 28,50 – 32,54 (31 Weibchen)	115 ± 21 Eier 88 - 167 Eier (11 Gelege)	1,81±0,09 mm 1,68–2,00 mm (220 Eier)
Mantella baroni	25,64 ± 2,40 18,60 – 28,50 (15 Männchen)	28,65 ± 0,97 26,90 – 30,10 (14 Weibchen)	42 ± 8 Eier 53 - 64 Eier (7 Gelege)	1,64 ± 0,12mm 1,39 -1,88 mm (140 Eier)
Mantella cowani	25,67 ± 1,66 22,30 – 28,90 (14 Männchen)	29,16 ± 0,98 27,90 – 31,40 (15 Weibchen)	37 ±15 Eier 20 - 57 Eier (3 Gelege)	1,85 ± 0,22 mm 1,59 - 2,37 mm (60 Eier)
Mantella crocea	17,21 ± 1,11 14,78 – 19,51 (13 Männchen)	20,07 ± 1,25 18,30 – 21,58 (4 Weibchen)	64 ± 13 Eier 47 - 75 Eier (4 Gelege)	1,44 ± 0,06 mm 1,38 -1,60 mm (80 Eier)
Mantella laevigata	24,25 ± 0,51 23,71 – 24,76 (5 Männchen)	25,97 ±1,19 23,76 – 26,95 (5 Weibchen)	41 ± 11 Eier 30 - 56 Eier (5 Gelege)	1,81 ± 0,14 mm 1,56 – 2,00 mm (100 Eier)
Mantella nigricans	25,15 ± 0,86 24,11 – 26,01 (5 Männchen)	27,21 ± 0,60 26,55 – 28,35 (7 Weibchen)	43 ± 12 Eier 22 - 55 Eier (7 Gelege)	1,43 ± 0,15 mm 1,10 - 1,70 mm (140 Eier)
Mantella pulchra	20,62 ± 2,10 18,41 – 25,98 (13 Männchen)	23,21 ± 1,79 21,33 – 28,22 (12 Weibchen)	48 ± 9 Eier 35 - 61 Eier (6 Gelege)	1,82 ± 0,15 mm 1,68 - 2,05 mm (120 Eier)

Gelegedaten nach Tessa et al. (2009)

cken, um die Weibchen dorthin zu locken. Die laichbereiten Weibchen kommen zu den Verstecken der rufenden Männchen, prüfen sie und laichen in den Löchern oder Höhlen. Meist lassen die Pärchen sich bei diesem Vorgang nicht beobachten, weshalb ich nicht mit Bestimmtheit sagen kann, ob ein Amplexus stattfindet oder nicht. Das Absetzen der Gelege kann 30–45 Minuten dauern, selten länger.

Bei *M. viridis*, *M. aurantiaca* und *M. expectata* hingegen scheinen die Männchen natürliche Verstecke zu nutzen, die von ihnen nicht erkennbar verändert oder bearbeitet werden. Bei *M. viridis* und *M. aurantiaca* sind die Männchen sogar gut für die Weibchen und den Halter sichtbar in verschiedenen Bereichen des Terrariums beim Rufen zu beobachten.

Die Männchen von *M. expectata* rufen zwar ebenfalls aus ihren Verstecken, allerdings fand ich im Terrarium häufig Gelege an Orten, die von den Männchen nicht als Unterschlupf genutzt wurden, weshalb ich annehme, dass der Rufstandort anderen Bedingungen in ihrem Habitat geschuldet ist.

Bei *M. aurantiaca* konnte ich schon des Öfteren beobachten, dass das rufende Männchen um das laichbereite Weibchen herumspringt und immer wieder den Kopf unter dessen Bauch oder Rumpf schiebt, wie wenn es die Laichbereitschaft des Weibchens überprüfen wollte. Das Männchen führt das Weibchen zu mehreren potenziellen Laichablagestellen, meist unter Moospolstern, Blättern oder in natürlichen Höhlen, bis das Weibchen in einem geeigneten Unterschlupf verharrt und das Männchen der Partnerin folgt. Ist das Weibchen mit der Ablagestelle nicht einverstanden, verlässt es diese, und das Männchen folgt ihm rufend durch das Terrarium, bis ein weiteres Versteck gefunden wurde. Ist eine geeignete Stelle ausgemacht, zwängen sich die beiden hinein und beginnen mit der Eiablage, wobei das Männchen ohne einen erkennbaren Amplexus auf dem Weibchen oder daneben sitzt. Auch dieser Vorgang kann 30–45 Minuten dauern, wobei das Weibchen immer wieder Pausen zu machen scheint.

Gelegegröße und Größe der Eier

Tessa et al. veröffentlichten 2009 eine Studie über die Gelege- und Eigröße neun verschiedener *Mantella*-Arten. Dabei wurden Anzahl und Durchmesser der Eier im Verhältnis zur Größe der Weibchen untersucht. Die Wissenschaftler unterschieden Regenwald- und Hochland-Arten. Zu den Regenwald-Arten zählten sie *M. baroni*, *M. crocea*, *M. cowani*, *M. laevigata*, *M. nigricans* und *M. pulchra*, zu den Hochland-Arten *M. betsileo*, *M. expectata* und *M. viridis*.

Die Weibchen der Hochland-Arten waren im Schnitt etwas größer als solche der Regenwald-Arten. Die Anzahl der Eier pro Gelege war bei Spezies aus dem Hochland außerdem deutlich größer als bei den Regenwald-Mantellen. Von den untersuchten Arten zeigte *M. betsileo* den mit 1,12 mm geringsten durchschnittlichen Eidurchmesser, *M. viridis* hatte das mit 167 Eiern größte untersuchte Gelege (im Schnitt 115 Eier) und *M. cowani* das mit nur 20 Eiern kleinste Gelege.

Die genauen Daten für die jeweiligen Daten lassen sich der Tabelle auf Seite 67 entnehmen.

Gelege von *Mantella aurantiaca* (links) und *M. viridis* (rechts) im Vergleich
Foto: A. Altenmüller

Entwicklung der Eier

Eier von Mantellen sind bei der Eiablage grundsätzlich weiß. Bei fast allen von mir nachgezüchteten Arten lässt sich bei etwa 20–22 °C nach 24–48 Stunden die erste Entwicklung im Ei erkennen. STANISZEWSKI (2001) gab an, dass bei *M. milotympanum* erst nach sechs Tagen eine Entwicklung der Eier zu erkennen war. Die Quappen schlüpften am neunten Tag. 2012 beobachtete ich Ähnliches bei einem Gelege von *M. nigricans*, wobei ebenfalls erst nach sechs Tagen die erste Entwicklung zu erkennen war und die ersten Quappen am zehnten Tag nach der Eiablage schlüpften. Die Temperatur im Bodenbereich betrug etwa 20 °C.

Die weißen Eier bekommen bei den von mir gezüchteten Arten zunächst eine Delle, die bei den meisten Arten weitere 24–48 Stunden später die Form eines Schwalbenschwanzes erkennen lässt. Etwa fünf Tage nach der Eiablage sind in der Gallerthülle kleine, weiße Quappen zu erkennen, die ab dem sechsten Tag deutliche Aktivität zeigen. Die Gelege verlieren etwa zu diesem Zeitpunkt ihre Form, und die einzelnen Eier scheinen nicht mehr gegeneinander abgegrenzt zu sein. Spätestens am

Entwicklung eines Geleges von *Mantella aurantiaca*: a) wenige Stunden nach der Eiablage b) nach 36 Stunden c) nach zwei Tagen d) nach drei Tagen e) nach fünf Tagen
Foto: A. Altenmüller

8.–10. Tage nach dem Ablaichen können sich die ersten Quappen durch starkes Winden aus der Gallerthülle herausarbeiten.

Bei *M. laevigata* befreien sich die Quappen bereits am 4. Tag, selten erst am 6. Tag nach der Eiablage aus der Gallerthülle.

Dies ist generell der Zeitpunkt, zu dem spätestens die Gelege aus dem Terrarium herausgenommen werden sollten, um die Quappen in einem kleinen Gefäß aufzuziehen, bei mir meist runde Dosen mit 10 cm Durchmesser. Es kann weitere zehn Tage dauern, bis sich auch die letzte Quappe aus der Gallerthülle befreit hat. Ich erhöhe den Wasserstand in dem kleinen Gefäß nach und nach, wobei er zu Beginn nur etwa 2–3 mm beträgt. Das Gelege darf anfangs nicht komplett mit Wasser bedeckt sein, da Eier bzw. Quappen, die in der Entwicklung verzögert sind, zu diesem Zeitpunkt bei zu hohem Wasserstand zu ertrinken scheinen. Je mehr Quappen Aktivität zeigen, desto mehr Wasser gebe ich dazu, bis der Wasserspiegel bei deutlicher Entwicklung aller Eier zu Quappen die Gallertmasse komplett übersteigt. Ich helfe wenn möglich den Quappen mit einer Plastikgabel vorsichtig aus der Gallertmasse, wenn diese beginnen, sich gräulich zu verfärben, und versuche diese so gut es geht aus dem Behälter abzusaugen. Die Gallertmasse fängt sonst nach einiger Zeit an, faulig zu riechen, und scheint mit der Zeit einen negativen Einfluss auf die Wasserqualität zu haben. Während der Fertigstellung des Buches verlor ich ein komplettes Gelege von *M. expectata*, da ich versäumte, die Gallertmasse aus dem Behälter der Quappen zu entfernen. Die Quappen hatten sich hervorragend entwickelt und schwammen bereits frei.

Gelege von *Mantella viridis* im Experiment; links ca. sechs Tage nach dem Ablaichen, rechts etwa 15 Tage danach
Foto: A. Altenmüller

Ich habe den Eindruck, dass die Entwicklung bei *M. nigricans* deutlich langsamer vonstatten geht. Sind Gelege unbefruchtet, scheint die Eizelle nach einigen Tagen wie zu verschwimmen und bekommt meist im oberen Bereich einen verwässert wirkenden Pol. Zudem werden die Eier etwas gelblich. Wenn kein paarungsbereites Männchen im Terrarium lebt, passiert es zudem immer wieder, dass Weibchen ihre Eier regelgerecht verlieren und diese dann einzeln oder in kleinen Klumpen im Terrarium zerstreut herumliegen. Interessant war dies für mich in einem Fall bei *M. nigricans*. Ich vergaß für fünf Tage, das Terrarium zu beregnen. Die Männchen stellten daraufhin für drei Tage das Rufen ein, und ich fand beim Beregnen am sechsten Tag Eier, die ein Weibchen wohl kurz zuvor verloren hatte. Drei Tage später fand ich wieder ein befruchtetes Gelege, das sich sehr gut entwickelte, während die „verlorenen Eier" keinerlei Anzeichen von Befruchtung bzw. einer Entwicklung zeigten.

Es könnte natürlich sein, dass Männchen nur Gelege in ihren Verstecken befruchten, während frei liegende Eier und Gelege unbefruchtet bleiben. Allerdings berichtete mir Dr. Siglinde Fischer, dass bei *M. aurantiaca* Gelege häufig von sogenannten Satellitenmännchen befruchtet werden, also Exemplaren, die nicht rufen, aber bereits abgesetzte und befruchtete Gelege einige Zeit (evtl. sogar Tage später) nach dem Ablaichen (nochmals) befruchten.

In der Natur werden die Gelege nicht immer zum optimalen Zeitpunkt abgesetzt, weshalb die Quappen teilweise in der Gallertmasse einige Zeit sprichwörtlich auf dem Trockenen sitzen. Dies passiert auch immer wieder im Terrarium, wenn Gelege so gut versteckt sind, dass man sie nicht gleich findet. Sowohl bei *M. aurantiaca* wie auch bei *M. viridis* ist mir dies schon einige Male passiert. Man entdeckt dann Quappen in den Resten der Gallertmasse unter Moos oder in einer kleinen Höhle, wobei man natürlich nicht genau weiß, wie alt das Gelege bereits ist. Meist ist bei diesen Gelegen die Anzahl der Quappen deutlich geringer als bei der durchschnittlichen Gelegegröße der entsprechenden Art. Die Quappen sind meist groß, gut entwickelt und haben bei einer Überführung in ein größeres Becken, wie ich es für gewöhnlich zur Aufzucht verwende, sehr gute Überlebenschancen.

Um die Ursache dafür herauszufinden, verbrachte ich in einem kleinen Experiment ein Gelege von *M. viridis*, das ich von Zeit zu Zeit leicht befeuchtete, in ein kleines, durchsichtiges Plastikgefäß mit 2 cm Durchmesser. Ich dachte, die Quappen würden sich von abgestorbenen Eiern oder Geschwistern ernähren. Zu meinem Erstaunen war dies allerdings nicht der Fall. Die Quappen schienen dennoch zu wachsen, zeigten aber einen sehr dünnen, flachen Bauch, was für eine deutliche Unterernährung spricht. Leider starben am 30. Tag alle Quappen ab, da wohl der Tod einiger weniger Geschwister in den Tagen zuvor dafür gesorgt hatte, dass durch die entstehenden Fäulnisprozesse die Qualität der verbleibenden Gallertmasse rapide sank. Das Gelege roch nun sehr streng und wurde binnen 24 Stunden milchig undurchsichtig.

Einen vorherigen Versuch hatte ich nach 32 Tagen abgebrochen. Ich hatte das Gelege auf ein Seemandelbaumblatt in einer Plastikdose gelegt, sodass sich die Gallertmasse extrem in die Breite verteilte. An der Oberfläche bildete sich ein Film aus Pilzen, weshalb sich das Gelege und die darin enthaltenen Quappen nicht mehr kontrollieren ließen. Alle 28 von ursprünglich 56 Quappen, die zu diesem Zeitpunkt noch lebten, wurden in ein gewöhnliches Aufzuchtbecken überführt und entwickelten sich ganz normal.

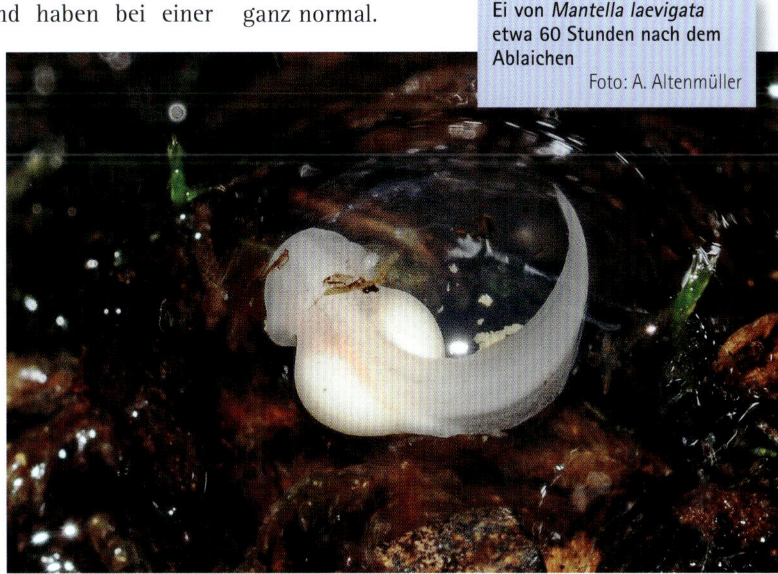

Ei von *Mantella laevigata* etwa 60 Stunden nach dem Ablaichen
Foto: A. Altenmüller

Entwicklung der Quappen

Der Ablauf einer Quappenentwicklung ist jedem Froschliebhaber bekannt. Hat man das Glück, eines Tages eigene Nachzuchten aufziehen zu können, erlebt man eines der größten Wunder, die die Natur für uns bereithält. Quappen aller von mir nachgezogenen Arten sind während der Entwicklung im Ei zunächst weiß. Gewöhnlich haben sie zu dem Zeitpunkt, zu dem sie versuchen, sich aus der Gallerthülle zu befreien, einen gräulich weißen Rücken und einen gut erkennbaren, weißen Dottersack, von dem sie sich noch einige Tag ernähren, bevor sie beginnen, frei zu schwimmen und zu fressen. Dies dauert je nach Art und Temperatur mindestens fünf bis maximal 14 Tage, wobei man in jedem Gelege zeitliche Unterschiede in der Entwicklung der einzelnen Quappen beobachten kann. Bei den meisten der Gelege, die ich bisher gezeitigt habe, können zwischen dem Schlupf der ersten und der letzten Quappen bis zu 14 Tage liegen.

Zu Beginn liegen die wenige Millimeter großen Larven nun regungslos im Wasser und winden sich von Zeit zu Zeit, bevor sie beginnen, frei zu schwimmen und aktiv *Spirulina*-Tabs oder anderes Fischfutter zu fressen. Zu diesem Zeitpunkt nehmen die Quappen eine deutlich dunklere Färbung von Braun bis Schwarz an. Nach wenigen Wochen erkennt man bereits die ersten kleinen Stummel neben der Schwanzwurzel, die sich nach und nach zu kräftigen Froschhinterbeinen entwickeln. Die Quappen verstecken sich gerne unter Blättern; ich biete ihnen daher Seemandelbaumblätter an (erhältlich im Aquaristikbedarf). Sie fressen so oft und so viel es geht.

Quappen von *Mantella aurantiaca* direkt nach dem Schlupf
Foto: A. Altenmüller

Nach 10–14 Wochen brechen die Vorderbeine durch. Zu dieser Zeit beginnen weitere interessante Umwandlungen am Körper der Quappen. Ihr Maul, das an der Unterseite des Kopfes liegt, verbreitert sich und wandert nach oben, wobei die Hornraspeln, die der Quappe zur Nahrungsaufnahme dienen, zu den Hornplatten werden, die die Kauwerkzeuge des Ober- und Unterkiefer bilden. Die Kiemen bilden sich zurück, während sich gleichzeitig die Lungen ausbilden und nach und nach immer mehr die Funktion der Sauerstoffaufnahme übernehmen. Die Quappen beginnen bei mir zu diesem Zeitpunkt immer häufiger an die Wasseroberfläche zu kommen, um nach Luft zu schnappen. Zeitgleich stellt sich der Verdauungstrakt von vorwiegend pflanzlicher Kost auf die zukünftige tierische Kost in Form von Insekten und anderen Wirbellosen. Nun stellen die Quappen die Nahrungsaufnahme ein und versuchen, an Land zu gehen. Bis die Umwandlung abgeschlossen ist, bezieht der kleine Frosch von nun an seine Energie aus dem Schwanz, der sich in dieser Zeit nach und nach zurückbildet.

Futter

Bei Quappen aller Arten haben sich als Futter *Spirulina*-Tabs bewährt. Sie sind im Aquaristikhandel erhältlich. Die Larven von *M. laevigata* bekommen bei mir zwar zusätzlich „normales“ Fischfutter, sind aber auch alleine mit *Spirulina* ohne Probleme zur Metamorphose zu bringen.

Lange hatte ich Probleme mit Quappen von *M. nigricans*. Sie fraßen nicht richtig, welches Futter ich auch ausprobierte. Als ich eine Mischung aus Wasserflöhen und *Spirulina*-Flocken gab, hatte ich den Eindruck, dass sich der Ernährungszustand der Quappen verbesserte.

Bei *M. viridis* passierte es immer wieder, dass sich die Gelege zu 100 % entwickelten, die Quappen nach einigen Wochen jedoch regelgerecht verhungerten, da sie die Nahrungsaufnahme einstellten, obwohl Larven anderer Gelege derselben Art bei gleichem Futter, Wasser und denselben Temperaturen normal weiter fraßen und sich ohne Auffälligkeiten bis zur Metamorphose entwickelten.

Wie alle *Mantella*-Quappen verstecken sich auch die von *M. viridis* gerne unter Blättern Foto: A. Altenmüller

Bei einem Versuch, bei dem ich 15 Quappen von *M. aurantiaca* in einem veralgten Becken mit Buchen- und Eichenblättern als Unterschlupf ohne Zufütterung auf dem Balkon unterbrachte, wuchsen die Quappen im Vergleich zu ihren im Zimmer aufgezogenen Geschwistern desselben Geleges nur langsam heran und starben nach 6–9 Wochen eine nach der anderen ab. Das Becken stand im Sommer auf dem Balkon im Schatten, sodass sich die Temperaturen nicht wesentlich von denen in meinem Froschzimmer unterschieden. Das Wasser wurde nicht gewechselt, sondern nur mit Teichwasser wieder aufgefüllt. Obwohl das Becken ausreichend Algen hätte bieten müssen, schienen die Quappen diese nicht in ausreichenden Mengen zu fressen, oder sie haben ihnen als alleinige Nahrung nicht gereicht. Meine Quappen von *M. nigricans* schienen ebenfalls *Spirulina*-Tabs zu fressen, nachdem ich nicht täglich das Wasser wechselte und eine Schicht aus Futterresten und Kot im Becken beließ. Vielleicht hätte diese Art der Fütterung auch bei meinen Quappen von *M. aurantiaca* auf dem Balkon funktioniert.

Wasser

Das Wasser ist wohl der wichtigste Schlüssel zur erfolgreichen Quappenaufzucht. Ich hatte leider immer wieder Probleme mit den Kaulquappen, aber häufig besonders mit den Landgängern, was meines Erachtens meist mit dem zur Aufzucht verwendeten Wasser zusammenhing.

Ich habe bereits einiges versucht, was Häufigkeit des Wasserwechsels und Art des verwendeten Wassers angeht. Bei fast allen Arten hat sich die Nutzung von Teichwasser oder von Wasser aus einem gut eingefahrenen Aquarium bewährt. Dagegen traten regelmäßig Fehl- oder Missbildungen bei den Landgängern auf, wenn ich Regen-, Quell-, oder Leitungswasser verwendete. Vermutlich ist ein gewisses Gleichgewicht von Mikroorganismen im Wasser für die Entwicklung der Quappen von Vorteil.

Ich habe mir angewöhnt, täglich das Wasser zu wechseln, da auch bei der Verwendung von Teich- oder Aquarienwasser bei seltenem oder nicht regelmäßigem Wasserwechsel die angesprochenen Fehl- oder Missbildungen auftraten.

Es wird zwar immer wieder diskutiert, dass aufgrund von Krankheiten, die Verwendung von Teich- oder Aquarienwasser vermieden werden sollte, allerdings ist ja keineswegs sinnvoll, Quappen mit „sterilem" Wasser aufzuziehen, wenn die Jungfrösche dann nach der Metamorphose Missbildungen aufweisen. Abgesehen davon ist in der Natur ebenfalls nichts „steril", und das sollte

Mantella aurantiaca kann problemlos im Terrarium die Metamorphose vollziehen. Leider wird die weitere Aufzucht mangels Kleinstfutter hier problematisch, da die adulten Tiere dieses Futter ebenfalls gerne nehmen.
Foto: A. Altenmüller

in der Terraristik entsprechend umgesetzt werden.

Ich achte darauf, dass das Wechselwasser mindestens zwölf Stunden im Raum steht, in dem die Quappen untergebracht sind. Auf diese Weise verhindere ich, dass die Wassertemperaturen zu große Differenzen aufweisen, da dies für die Quappen problematisch wäre.

Landgänger von *Mantella viridis*. Die kleineren wurden im Terrarium der Elterntiere großgezogen, das größere Tier separat. Foto: A. Altenmüller

Versorgung der Quappen

Es gibt mehrere Möglichkeiten, die Quappen zu versorgen. Man kann versuchen, sie im Wasserteil des Terrariums sich selbst zu überlassen, oder man nimmt die Gelege bzw. die frisch geschlüpften Quappen und überführt sie in ein separates Becken oder Gefäß.

Aufzucht im Terrarium

Belässt man das Gelege bzw. die Quappen im Terrarium, spart man sich sicherlich viel Arbeit und Mühe. Allerdings muss dann nach meinen Erfahrungen der Wasserteil recht groß sein, also mindestens 2–3 l Wasser fassen, damit die Quappen eine gewisse Überlebenschance haben. Problematisch ist jedoch, dass man dann die Quappen nicht füttern kann, da sonst das Wasser zu stark verschmutzt und die Frösche sowie die Quappen selbst Schaden nähmen. Meist stirbt ein Großteil der Quappen, und nur wenige schaffen es bis zur Metamorphose. Bisher gelang es mir bei *M. viridis*, *M. aurantiaca* und *M. laevigata*, Quappen im Terrarium aufzuziehen, ohne sie zu füttern.

Mantella laevigata bereitet hier am wenigsten Probleme, da die Quappen zum einen Eier fressen, die von adulten Weibchen in deren „Baumteiche“ abgelaicht werden, anscheinend aber auch den Kot der adulten Männchen als Nahrung nutzen. Zudem werden sie einzeln oder in kleinen Gruppen auf kleine Gewässer im Terrarium verteilt.

Kokosnussschalen, Filmdosen, Bromelientrichter und der Wasserteil selber dienen dieser Art als Eiablageorte. Die Jungfrösche kommen gut entwickelt an Land und haben aufgrund ihrer Körperlänge von etwa 12–14 mm auch im Terrarium der Elterntiere sehr gute Überlebenschancen. Ich entnehme wöchentlich nur die Filmdosen und Kokosnussschalen, um darin gefundene Quappen künstlich aufzuziehen. Daher passiert es immer wieder, dass ich Landgänger oder halbwüchsige Frösche im Terrarium entdecke, die sich an den anderen Eiablagestellen entwickelt haben und sich wunderbar in die alten Zuchtgruppen integrieren. Wenn ich sie finde, entnehme ich dennoch auch Quappen aus anderen Kleingewässern, um zum einen eine bessere Kontrolle über die Nachzuchttiere zu haben und zum anderen zu verhindern, dass die Quappen befruchtete Eier oder andere

Landgänger von *Mantella laevigata*, der sich in einem Bromelientrichter entwickelt hat
Foto: A. Altenmüller

Quappen fressen. Momentan versuche ich eine ähnliche Vorgehensweise auch bei *M. nigricans*, da eine künstliche Aufzucht zu viele Verluste mit sich brachte.

Bei meinen *M. aurantiaca*, die ich im Terrarium aufzog, versuchte ich anfänglich, die Landgänger im Terrarium zu belassen. Ich entnahm ein gut entwickeltes Gelege, ließ aber zehn Quappen im recht kleinen Wasserteil des Terrariums, der gerade einmal etwa einen Liter Wasser fasste. Die Larven entwickelten sich recht gut, sieben Landgänger konnte ich zählen. Leider verschwanden die Jungfrösche mit der Zeit, vermutlich da sie zu wenig Kleinstfutter fanden und schlichtweg verhungerten. Die Springschwänze, die ich fast täglich zufütterte, verteilten sich schnell im doch recht großen Terrarium oder wurden einfach von den schnelleren adulten Goldfröschchen vor der Nase der Landgänger weggeschnappt.

Meine *M. viridis* entwickeln sich in dem großen Wasserteil meines 2,35 m langen Schauterrariums mit Bachlauf und Außenfilter gut, wobei sich bei einer durchschnittlichen Gelegegröße von ca. 60 Eiern nur 19 Quappen bzw. Landgänger im Terrarium finden ließen. Ob sich alle Eier entwickelten, weiß ich leider nicht, da ich die Quappen nur zufällig im Wasserteil des Terrariums fand. Aufgrund der Erfahrungen mit den *M.-aurantiaca*-Landgängern entnahm ich die Jungen kurz vor oder nach der Metamorphose. Die Jungfrösche waren allerdings mit gerade einmal etwa 6 mm deutlich kleiner als Landgänger der selben Art, die ich künstlich aufzog und die immerhin eine Körperlänge von etwa 11 mm aufwiesen. Nicht nur, dass die Gliedmaßen der künstlich aufgezogenen Quappen ebenfalls deutlich kräftiger waren, hatten sie aufgrund der größeren Körperlänge auch deutlich weniger Probleme, Futter zu überwältigen. Die Landgänger aus dem Terrarium entwickelten sich dennoch wie ihre künstlich aufgezogenen Artgenossen recht gut und hatten etwa 6–7 Monate nach dem Landgang die gleiche Körpergröße wie diese.

Künstliche Aufzucht

Die künstliche Aufzucht hat sich bei mir schon alleine wegen der bereits aufgeführten Gründe bewährt, wie deutlich größere Körperlänge und kräftigere Körper der Jungfrösche, aber auch wegen der besseren Kontrollierbarkeit der Landgänger und der größeren Anzahl der Quappen, die aufgezogen werden können. Der Aufwand, den man dafür betreiben muss, lohnt sich allemal, zumal jeder nachgezogene Frosch der Gattung *Mantella* ein wichtiger Schritt ist, diese Arten in Terrarien zu etablieren.

Die Aufzucht der Quappen gestaltet sich bei Mantellen oft sehr schwierig. Die meisten Arten produzieren recht große Gelege mit bis zu 130 Eiern, wodurch eine hohe Anzahl zu versorgender Quappen anfallen kann. Teilweise hatte ich mehr als 800 Quappen gleichzeitig! Zudem neigen auch bei mir immer wieder viele Arten zu den sogenannten Streichholzbeinchen oder zu steifen Hinterbeinen, bei denen die Kniegelenke entweder einseitig oder beidseitig in Extensionsstellung sind; auch eine Extensionsstellung in den Hüftgelenken ist möglich. Sind die Hüftgelenke betroffen, ist dies immer mit einer Streckstellung in den Kniegelenken der entsprechenden Extremität kombiniert.

Die Beinchen sind passiv ohne Probleme zu beugen, gehen aber direkt in die Extensionstellung zurück, was auf eine muskuläre Problematik schließen lässt. Solche Fröschchen gehen ohne Probleme an Land, sind langfristig allerdings in ihren Bewegungen deutlich eingeschränkt und entwickeln sich nur langsam und schlecht.

Die Ursachen für dieses auch bei Pfeilgiftfröschen öfter auftauchende Problem sind bis heute weitgehend unbekannt. Es werden genetische Defekte bis hin zu Mangelernährung von Elterntieren und/oder der Quappen vermutet, auch UV-Licht könnte eine Rolle spielen. Ich persönlich vermute eine häufige Ursache im Überbesatz der Quappenbecken oder mangelnde Wasserqualität, also eine zu starke Verunreinigung des Wassers entweder durch die Ausscheidungen der Larven oder übermäßige Fütterung.

Streichholzbeinchen und steife Gliedmaßen traten bei meinen Tieren meist dann auf, wenn ich entweder das falsche Wasser zur Aufzucht verwendete oder aus Zeitmangel das Wasser selten bzw. nicht regelmäßig wechselte.

Die einzige Art, deren Quappen nicht ganz so anspruchsvoll zu sein scheinen, ist *M. laevigata*. Sie vertragen problemlos eine Aufzucht in Quellwasser. Allerdings sollte man wissen, dass ich die Quappen dieser Art grundsätzlich einzeln aufziehe.

Zur Aufzucht nutze ich Becken ohne jeglichen Bodengrund, die nur mit einigen Seemandelbaumblättern als Deckung für die Quappen ausgestattet sind. Der Wasserstand beträgt etwa 3–5 cm, das Wasser wird täglich gewechselt, um Kot und Futterreste zu beseitigen.

Hellmut Kurrer berichtete mir, dass er seine Quappen verschiedener Mantellen in gut eingefahrenen Aquarien mit kleinem Innenfilter aufzog. Häufige Wasserwechsel waren nicht notwendig, da die Aquarien reich bepflanzt waren. Er wählte Wasserpflanzen, die eine Art Teppich an der Oberfläche bildeten, was den Landgängern eine gute Ausstiegsmöglichkeit bot. Er konnte so die Fröschlein einfach absammeln und in Aufzuchtterrarien umsetzen.

Metamorphose

Die Metamorphose ist einer der beeindruckendsten Vorgänge in der Natur. Aus einer fischähnlichen Kaulquappe entwickelt sich ein kleiner Frosch. Wie bereits beschrieben, finden im Körper der Kaulquappe verschiedenste Umwandlungen statt, die besonders das Atmungs- und Verdauungssystem betreffen, sodass der Körper des kleinen Frosches an das Leben an Land angepasst ist.

Für die Aufzucht der Jungtiere hat dieser Zeitpunkt eine wichtige Bedeutung. Sobald bei den Quappen die Vorderbeine durchbrechen und sie beginnen, immer wieder an der Wasseroberfläche nach Luft zu schnappen, sollten

Landgänger von *Mantella aurantiaca*, der beginnt, atmosphärische Luft zu atmen
Foto: A. Altenmüller

Ein Jungfrosch von *Mantella aurantiaca*, der sich in den ersten Tagen noch in seinem Versteck aufhält
Foto: A. Altenmüller

unbedingt Ausstiegsmöglichkeiten für die kleinen Frösche geschaffen werden. Zieht man die Larven wie ich in einfachen Becken auf, sollte man den Wasserstand so weit senken, dass beim Schrägstellen des Beckens ein Teil trocken liegt und die Landgänger über die entstehende Schräge problemlos an Land gehen können. Ebenso wichtig ist es allerdings, dass der Rand des Beckens komplett abgedeckt ist, da die Landgänger mit Leichtigkeit an den senkrechten Glaswänden emporklettern können.

Zieht man die Quappen in einem Aquarium groß, sollte man schauen, dass Kork oder an der Wasseroberfläche schwimmende Pflanzen den Landgängern als Ausstiegshilfe dienen. Sammeln Sie täglich die Jungfrösche ab und setzen Sie diese in ein kleines Aufzuchtterrarium. Leider passiert es auch mir immer wieder, dass die Landgänger ertrinken, wenn man sie nicht rechtzeitig aus dem Quappenbecken herausnimmt.

Die frisch metamorphosierten Landgänger verbringen die ersten 10–14 Tage zurückgezogen in einem Versteck, bis die komplette Umwandlung des Verdauungstraktes abgeschlossen ist und die Frösche beginnen, vorbeilaufende Insekten zu fressen. Zu diesem Zeitpunkt hat sich der Schwanz ebenfalls komplett zurückgebildet.

Jungfrösche

Sind die Jungen erst einmal an Land, beginnt für sie ein völlig neuer Lebensabschnitt. Als Terrarianer muss man dem Rechnung tragen und für entsprechende Aufzuchtbedingungen sorgen.

Färbung

Alle Jungfrösche sind in der jeweiligen Umgebung, in der sie aufwachsen, extrem gut getarnt. Ihre Färbung weicht meist stark von derjenigen der adulten Tiere ab. Aus diesem Grund werde ich bei der Beschreibung der einzelnen Arten genauer darauf eingehen und ebenfalls den Zeitpunkt der Umfärbung erwähnen, so dieser bekannt ist. Teilweise sehen die Jungen unterschiedlicher Arten einander sehr ähnlich. So unterscheiden sich laut Glaw et al. (1998) Landgänger von *M. viridis*, *M. betsileo* und *M. ebenaui* kaum voneinander.

Größe

Mantellen sind bei der Metamorphose recht klein, weshalb die Aufzucht lange Jahre große Probleme bereitete. In den 1980er-Jahren, als noch nicht allzu viel über die Nachzucht von Springschwänzen bekannt war, wurden die Jungen laut Hellmut Kurrer einfach im Wechsel in unterschiedliche Terrarien gesetzt, die zuvor mit Springschwänzen geimpft worden waren.

Landgänger von *Mantella madagascariensis*
Foto: A. Altenmüller

War ein Terrarium so gut wie leer gefressen, wurden die Frösche umgesetzt, und der Springschwanzbestand konnte sich erholen.

Heute ist es nicht nur ein Leichtes, Kleinstfutter wie Springschwänze selber nachzuzüchten, sondern man hat ebenfalls die Möglichkeit, einfach und schnell über das Internet an Nachschub zu kommen, sollte die eigene Zucht plötzlich einbrechen oder Probleme bereiten.

Die Größe der Landgänger variiert nach meinen Erfahrungen nicht nur von Art zu Art sehr stark, sondern kann auch je nach Ernährungszustand oder Unterbringung als Quappe innerhalb einer Spezies sehr stark schwanken. Wie bereits erwähnt, hatte ich zeitgleich Landgänger von *M. viridis*, die als Kaulquappen im Wasserteil des Terrariums herangewachsen waren oder die ich in einem separaten Quappenbecken aufgezogen hatte. Während die Jungfrösche aus dem Terrarium nach der Metamorphose gerade mal eine Körperlänge von 6 mm hatten, waren die separat aufgezogenen Jungfrösche mit etwa 11 mm deutlich größer. Dass jeder Millimeter Körperlänge eine unglaubliche Erleichterung der Aufzucht darstellt, wird einem spätestens dann klar, wenn man versucht, 100 Landgänger oder mehr gleichzeitig aufzuziehen und zu ernähren, dies aber nur mit kleinstem lebenden Futter möglich ist.

Landgänger von *Mantella aurantiaca*: ein absoluter Winzling
Foto: A. Altenmüller

Jungfrösche von *M. aurantiaca*. Fast hundert solcher Winzlinge satt zu bekommen, kann zu einer schweren Aufgabe werden.
Foto: A. Altenmüller

Futter

Viele Jungfrösche bewältigen direkt nach der Metamorphose aufgrund ihrer geringen Körperlänge nur kleinstes Futter wie Springschwänze und winzige Blattläuse. Junge von Arten, die relativ groß an Land gehen, wie *M. expectata* oder *M. laevigata*, schaffen es recht schnell, auch größere Futtertiere zu nehmen. Kleine Fruchtfliegen wie die *Drosophila*-Sorte „Ameise" haben bei mir die Situation extrem entspannt. Diese recht kleine, flügellose Taufliege kann schon von Fröschen ab einer Körperlänge von etwa 12 mm gut überwältigt und gefressen werden. Erstaunlich sind für mich immer wieder Jungfrösche von *M. viridis* zu beobachten, die nicht nur deutlich gieriger zu fressen scheinen als die anderer Arten, sondern auch relativ große Brocken schlucken und recht große Mengen an Nahrung aufnehmen. Dank dieses Fressverhaltens wachsen Fröschchen dieser Art allerdings auch verhältnismäßig schnell.

Junge sollten immer „im Futter stehen". Sie benötigen aufgrund ihres Wachstums im Verhältnis deutlich mehr Nahrung als Adulte. Außerdem bleiben viele Arten die ersten Wochen nach der Metamorphose relativ versteckt unter Moos, Blättern oder Torfsoden sitzen und warten auf Beute, die an ihren Versteckplätzen vorbeikommt. Besonders ausgeprägt ist dieses Verhalten nach meinen Beobachtungen bei *M. aurantiaca*, *M. madagascariensis* und *M. pulchra*.

Sehr wichtig ist allerdings, dass die Insekten vor dem Verfüttern entweder bereits über ihre eigene Nahrung mit Vitaminen und Mineralstoffen angereichert wurden, oder dass dies über Bestäuben mit entsprechenden Pulverpräparaten geschieht.

Probleme

Die häufigsten Probleme, die bei der Aufzucht von Jungfröschen auftreten, haben meiner Erfahrungen nach schlichtweg mit einer falschen oder ungeeigneten Unterbringung und den daraus resultierenden Folgen zu tun. Meist sind die Aufzuchtbecken zu groß, was bei den wenigen darin lebenden Exemplaren dazu führen kann, dass die Futterdichte nicht hoch genug gehalten werden kann, sodass die Jungen nicht ausreichend mit Futter versorgt werden. Dies kann wiederum zu Mangelerscheinungen und Missbildungen wie Skoliosen führen. Anderseits werden aber oft auch zu kleine Becken verwendet, was bei Überbesatz zu übermäßigem Stress führen kann. Auch hohe Temperaturen, die speziell im Sommer in kleinen Terrarien nicht gut reguliert werden können, lösen bei den hitzeempfindlichen Landgängern eine hohe Sterblichkeitsrate aus. Zu den Größen, die sich bei mir bewährt haben, sie Kapitel „Art und Größe der Becken“.

Weibchen von *Mantella pulchra*
Foto: A. Altenmüller

Mineralstoff- und Vitaminmangel

Der Mangel an Vitaminen, aber besonders an Mineralstoffen kann bei den Fröschen zu einigen gesundheitlichen Problemen führen. Bei einem langfristigen Mangel von Mineralstoffen zeigen sie Symptome wie Rückgratverkrümmungen - dies ist dann selbst bei optimierten Bedingungen nicht reversibel. Vitaminmangel kann ebenfalls zu Organerkrankungen, aber auch Häutungsproblemen führen.

Staniszewski (2001) beschreibt Symptome von Mangel an Vitamin B, bei denen die Frösche unkoordinierte Bewegungen bis hin zu Lähmungserscheinungen einzelner Gliedmaßen oder am gesamten Körper zeigen können. Ich habe immer wieder bei Zugängen ähnliche Probleme beobachtet. Ich nehme an, dass die Frösche in einem relativ schlechten Ernährungszustand waren und durch den Stress des Transportes diese Symptome verstärkt wurden. Meist erholen sich die Mantellen recht bald, wenn die Futtertiere eine Zeitlang mit Vitaminen und Mineralstoffen angereichert werden.

Mantella nigricans mit offener Schnauze. Nach einer vierwöchigen Therapie mit Augenantibiotikum war die Wunde völlig verheilt.
Foto: A. Altenmüller

Therapie

Achten Sie auf eine hochwertige Ernährung der Frösche! Wie im Kapitel „Futter und Fütterung" beschrieben, sollten die Insekten vor dem Verfüttern an die Frösche ausreichend mit Vitaminen und Mineralstoffen angereichert werden.

Hautverletzungen

Die häufigsten Hautverletzungen treten zweifelsohne an der Schnauze auf, und zwar durch Scheuern an rauen Oberflächen. Aber auch Hautverletzungen an Extremitäten, Bauch oder Rücken können von Zeit zu Zeit vorkommen. Ich bekam leider selber immer wieder Tiere, bei denen ich erst beim Einsetzen in das Terrarium solche Verletzungen bemerkte.

Therapie

Als Therapie hat sich bei mir bisher immer eine Behandlung mit Augenantibiotikum bewährt, das entweder als Salbe oder in Tropfenform in Apotheken erhältlich ist. Diese Medikamente sind verschreibungspflichtig, fragen Sie daher Ihren Tierarzt danach und behandeln Sie Ihre Tiere nach seiner Weisung. Augenantibiotika sind deshalb besonders geeignet, weil die Wirkstoffe den Organismus des Frosches nicht so sehr belasten. Das Antibiotikum verhindert, dass sich Bakterien an der Wunde ansiedeln und diese als Eintrittspforte in den Körper des Frosches nutzen.

Ich fange die Frösche zur Behandlung täglich mit einer kleinen Dose aus dem Terrarium heraus und tröpfle vorsichtig das Medikament auf die verletzte Hautpartie. Meist ist nach einer Woche bereits eine deutliche Heilung der Wunde zu erkennen. Je nach Größe ist die Wunde nach zwei, spätestens nach vier Wochen komplett verheilt.

Ödeme

Man sollte bei dem Thema „Ödeme" folgende Unterscheidungen treffen:

Lokale Ödeme beschränken sich auf bestimmte Körperregionen wie Beine, eine oder mehrere Zehen oder aber nur bestimmte Hautareale. Meist sind die Ursachen lokale bakterielle Entzündungen oder Probleme des lymphatischen Systems, durch die der Abfluss der Lymphe in bestimmten Arealen gestört ist. Ursache hierfür können eine akute Verletzung, eine Entzündung, aber auch ein Tumor sein.

Umfassende Ödeme, bei denen der Frosch wie aufgeblasen aussieht, sind meist am gesamten Körper oder zumindest am gesamten Rumpf erkennbar. Gründe hierfür können neben einem bakteriellen Befall des Frosches laut MUTSCHMANN (1998) eine zu feuchte Haltung auf zu nassem Bodensubstrat, stark schwankende Temperaturen, z. B. beim unvorsichtigen Transport, oder Mangel an Mineralstoffen sein.

Oft sind diese Ödeme nicht reversibel und führen früher oder später zum Tod des Frosches. Aber auch eine Problematik der Nieren kann zu solchen Symptomen führen.

Therapie

Je nach Ursache lassen sich lokale Ödeme auf Weisung des Tierarztes mit Augenantibiotika heilen, wie bereits im Abschnitt Hautverletzungen beschrieben.

Umfassende Ödeme hingegen lassen sich meist nicht therapieren und führen mit hoher Wahrscheinlichkeit zum Tod des Frosches.

Hautveränderungen

Hier kann es sich um kleine Wunden, Ulceri oder Pusteln handeln. Ich hatte bei meinen *M. aurantiaca* in den 90er-Jahren immer wieder Probleme mit kleinen, weißen Pusteln auf der Haut, die nach einiger Zeit verschwanden, aber deutliche Narben hinterließen. Durch Untersuchungen unter dem Mikroskop entpuppten sich die Pusteln als ausgeschiedene Kalziumkristalle.

Therapie

Zeigen die Frösche solche Pusteln, sollte man das Bestäuben der Futtertiere mit Mineralstoffen für einige Zeit aussetzen.

Nachzuchttier von *Mantella expectata* mit Versteifung in beiden Hüft- und Kniegelenken. Zusätzlich fehlen bei diesem Tier beide Vorderbeine.
Foto: A. Altenmüller

Fehl- und Missbildungen bei Quappen und Jungfröschen

Das bei der Zucht von Pfeilgiftfröschen verbreitete Phänomen der Streichholzbeinchen ist auch in der Mantellenpflege ein wichtiges Thema. Leider passiert es auch bei der Aufzucht von Mantellen immer wieder, dass gesund wirkende Quappen schwache Vorderbeinchen entwickeln und sich an Land nicht oder nur mühsam fortbewegen können, was früher oder später den Tod der Jungfrösche zur Folge hat.

Ich würde das Phänomen sogar allgemein als Entwicklungsstörung der Extremitäten bezeichnen, da es bei Mantellen auch sehr häufig zu Fehl- oder Missbildungen an den hinteren Extremitäten kommt.

Die Fehlbildungen können sich folgendermaßen äußern:

- **Versteifung der Kniegelenke einer oder beider hinterer Extremitäten**
  Tritt dieses Phänomen nur an einem Hinterbein auf, hat der Frosch dennoch gute Überlebenschancen, da er diese Beeinträchtigung bei hoher Futterdichte recht gut kompensieren kann.

Nachzuchttier von *Mantella pulchra* mit Versteifung im Hüft- und Kniegelenk
Foto: A. Altenmüller

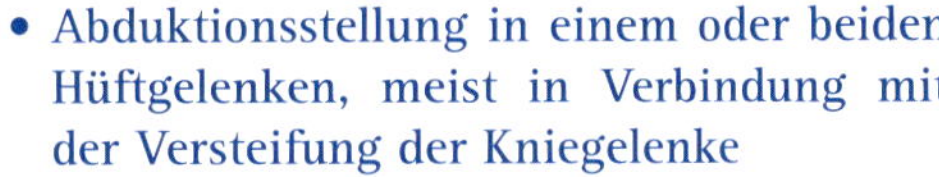

- **Abduktionsstellung in einem oder beiden Hüftgelenken, meist in Verbindung mit der Versteifung der Kniegelenke**
  Betroffene Jungfrösche haben meist nur eine sehr kurze Lebenserwartung, da sie sich nicht gut an Land fortbewegen können. Ein Nachzuchttier von *M. pulchra* entwickelte sich in einem Becken, in dem ich später Nachzuchten von *M. laevigata* aufzog, hervorragend mit einem betroffenen Bein. Erstaunlich war für mich, dass sich daran die orange Färbung des Schenkelflecks nicht entwickelte, wodurch die Tarnung des Frosches nicht beeinträchtigt war.
- **Schwache Vorderbeinchen, die sehr dünn sind und das Gewicht des frisch umgewandelten Frosches nicht halten oder erst gar nicht durch die Haut der Vorderbeintaschen durchbrechen können**
  Die Frösche haben meist keine Chance, sich ausreichend mit Nahrung zu versorgen, und sterben recht schnell.

All diese Phänomene schreibe ich mangelnder Wasserqualität zu. Wie im Kapitel „Aufzucht“ eingehender erläutert, habe ich einige Versuche unternommen, was das zur Aufzucht von Quappen geeignete Wasser angeht. Die erwähnten Probleme traten meist dann auf, wenn das Wasser bei der von mir gewählten Methode nicht täglich gewechselt oder wenn kein Aquarien- bzw. Teichwasser zur Aufzucht der Quappen verwendet wurde. Auch ein hoher Besatz der Quappenbecken war sehr häufig die Ursache.

Häufig wird eine Fehl- oder Mangelernährung der Elterntiere

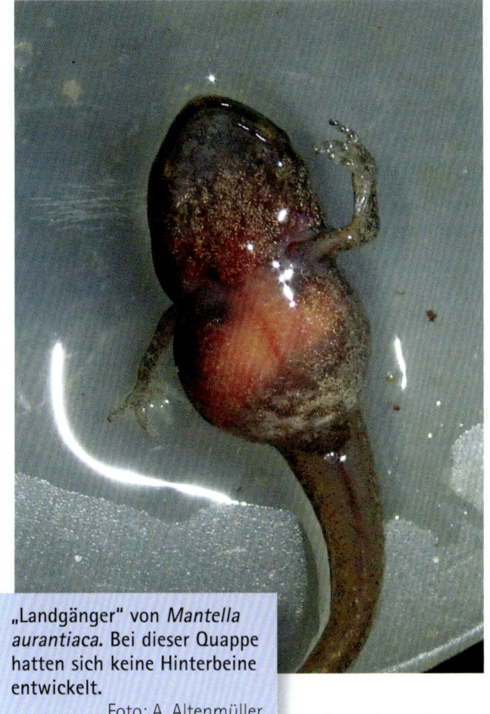

„Landgänger" von *Mantella aurantiaca*. Bei dieser Quappe hatten sich keine Hinterbeine entwickelt.
Foto: A. Altenmüller

„Landgänger" von *Mantella madagascariensis* mit so schwachen Vorderbeinchen, dass sie erst gar nicht durch die Haut brechen konnten
Foto: A. Altenmüller

oder der Quappen als mögliche Ursache erwähnt. Ich kann dies als Ursache zwar nicht gänzlich ausschließen, halte es allerdings für sehr interessant, dass aus einem Gelege teilweise gesunde Frösche und solche mit Missbildungen hervorkamen.

Erwähnenswert ist auch, dass ich in all den Jahren, die ich bereits Mantellen züchte, niemals eines dieser Phänomene bei Quappen oder Jungfröschen von *M. laevigata* beobachten konnte. Diese werden bei mir grundsätzlich einzeln in Dosen mit 5 cm Durchmesser großgezogen, deren Wasser ich täglich wechsle.
Seltener treten folgende Missbildungen auf:

- **Komplettes Fehlen von beiden vorderen oder hinteren Extremitäten.**
  Bei solchen Jungtieren sind entweder keine Vorderbeine oder keine Hinterbeine angelegt.
- **Die Quappen kommen nicht zur Metamorphose.**
  Dieses Phänomen hatte ich vor einigen Jahren bei zwei Quappen von *M. aurantiaca*. Sie wuchsen und wuchsen, zeigten aber keinerlei Anzeichen für eine bevorstehende Metamorphose. Nach ca. sieben Monaten im Quappenstadium verfärbten sie sich in den für ihre Art typischen Orangeton. Die Vorderbeinchen waren unter der Haut des Oberbauches gut sichtbar, brachen allerdings nie durch. Die Quappen hatten die für einen Frosch typische Kopfform und einen extrem kräftigen Schwanz, der ebenfalls orange gefärbt war. Nach etwa sieben Monaten gingen mir die Quappen ein, als ich beim Reinigen des Beckens die dünne Bauchhaut verletzte und Organe heraustraten. Es schien, als wären die Beinchen im Bauchraum ohne Abgrenzung zu den Organen gewachsen.

Erwin Eugster (pers. Mittlg.) beobachtete Ähnliches bei einer Quappe von *M. laevigata*.

- **Der Jungfrosch hat nach der Metamorphose mehr als vier Extremitäten.**
  Im Jahr 2009 fiel mir ein Jungfrosch auf, der vier Vorderbeine besaß, also insgesamt sechs Extremitäten. Er ging mir leider ca. vier Monate nach der Metamorphose ein, da die überzähligen Beine ihn wohl doch zu sehr bei der Futtersuche beeinträchtigten.

Auch adulte Frösche können durchaus Fehlbildungen entwickeln. Meist handelt es sich dabei um sogenannte Skoliosen, bei denen die Wirbelsäule eine deutliche Verkrümmung zeigt. Dazu kam es in meinen Gruppen bei zu kühler Haltung (siehe unten) oder Mangelernährung wegen zu seltener oder zu minderwertiger Fütterung ohne ausreichender Vitaminisierung und Mineralisierung der Futtertiere, teilweise aber auch bei Überbesatz.

Therapie

Eine Therapie ist leider nicht möglich. Zeigen die Frösche einmal Skoliosen oder ähnliche Veränderungen am Skelett, sind diese nicht reversibel. Dennoch sollte man unbedingt darauf achten, dass das Futter der Frösche hochwertiger wird oder die Gruppengrößen reduziert werden, um den Ernährungszustand der einzelnen Exemplare zu verbessern.

Quappe von *Mantella aurantiaca*, die sich bereits orange verfärbt hat, aber nicht zur Metamorphose kam
Foto: A. Altenmüller

Stress

Im Allgemeinen sind Mantellen nicht stressanfällig. Stress entsteht für die Frösche besonders beim Herausfangen oder beim längeren Transport.

Man sollte die Tiere so wenig wie möglich belästigen. Gut eingewöhnte Frösche stört das Öffnen des Terrariums zum Füttern, Beregnen oder Fotografieren nicht. Dennoch sollte man immer bedenken, dass jede Störung für die Tiere unangenehme Folgen haben kann. Besonders in Verbindung mit Hitze, besonders aber schlechtem Ernährungszustand der Tiere kann Stress Folgen haben, wie bereits unter dem Punkt HRMSS beschrieben wurden (siehe S. 82).

Therapie

Das Futter sollte unbedingt ausreichend vitaminisiert und mineralisiert werden. Außerdem ist für ideale Klimabedingungen zu sorgen. Auch können mehr Versteckmöglichkeiten oder eine dichtere Bepflanzung notwendig sein.

Jungfrosch von *Mantella aurantiaca*, bei dem sechs Extremitäten vorhanden waren.
Foto: A. Altenmüller

Temperaturabhängige Erkrankungen

Nicht artgerechte Haltungstemperaturen können auf Dauer negative Folgen für die Frösche haben. Zu hohe Temperaturen können bei vielen Arten zu dem von STANISZEWSKI (2001) beschriebenen HRMSS führen, bei dem die Frösche an krampfartigen Spasmen zugrunde gehen (siehe S. 82).

Weitaus häufiger ist das Problem einer zu kühlen Haltung, speziell bei Jungfröschen. Der Stoffwechsel wird dann reduziert, ebenso die Nahrungsaufnahme, was bei längeren Perioden zu Mangelerscheinungen bis hin zu Missbildungen wie Skoliosen oder sogar zum Tod der Tiere führen kann.

Was unter diesem Gesichtspunkt ebenfalls berücksichtigt werden sollte, ist, dass über lange Phasen andauernde optimale Laichtemperaturen zu einer verlängerten Laichperiode führen können. Dies aber kann ebenfalls negative Folgen haben, da eine ständige Laichbereitschaft zu Stress bei den Tieren führt, was wiederum eine verkürzte Lebensdauer oder eine gewisse Anfälligkeit für andere Erkrankungen verursacht.

Therapie

Die Temperaturbedingungen sollten unbedingt optimiert werden.

Vergiftungen

Vergiftungen traten meist nach dem Einsetzen von Mantellen in neu eingerichtete Terrarien oder nach dem Einbringen neuer Einrichtungsgegenstände in die Becken auf. Frösche reagieren sehr sensibel auf Umwelteinflüsse und -gifte. Man sollte frisch eingerichtete Becken sorgfältig lüften, speziell, wenn Stoffe wie Silikon, Epoxidharz oder Ähnliches verwendet wurden. Neue Einrichtungsgegenstände sind sorgfältig abzuspülen und sollten nicht mit Schadstoffen behandelt sein. Im Zweifelsfall sollte man Gegenstände aus dem Becken herauslassen oder die Becken noch einige Tage auslüften lassen.

Symptome für Vergiftungen sind häufig taumelnde Bewegungen oder Krampfanfälle. Ich hatte aber auch schon den Fall, dass Frösche scheinbar ganz normal in ihren Verstecken saßen und ich mich wunderte, dass sie bei längerer Beobachtung keinerlei Regung zeigten. Erst beim vorsichtigen Antippen der Tiere bemerkte ich, dass sie tot waren.

Therapie

Leider bestehen kaum Chancen auf Hilfe.

Chytrid

Chytrid oder Chytridiomykose ist eine Erkrankung bei Amphibien, die von einem Pilz mit dem Namen *Batrachochytrium dendrobatidis* ausgelöst wird. Dieser Pilz hat bereits in vielen Teilen der Welt ganze Froschpopulationen aussterben lassen.

Mit dem Chytridpilz befallenen Exemplaren sieht man die Infektion nicht an, und auch die Krankheitssymptome sind nicht eindeutig. Ausgehend von der Infektion durch einige wenige Sporen breitet sich der Pilz auf der Haut aus. Die Tiere sterben meist erst mehrere Tage bis Wochen nach der Infektion, nämlich dann, wenn die Mykose große Teile der Haut erfasst hat. Dann wird der Frosch lethargisch, hört auf zu fressen und bewegt sich kaum noch (DASZAK et al. 1999). Der Chytridpilz löst eine Verdickung der Hornhautschicht aus, wohl als Abwehrmechanismus der Frösche gegen den Pilz. Dies führt jedoch dazu, dass die Frösche ihren Wasser- und Salzhaushalt nicht mehr über die Haut regulieren können. Laut VOYLES et al. (2009) und TOBLER et al. (2010) sterben die Tiere schließlich infolge eines Elektrolytmangels an Herzstillstand.

Leider wird diese Erkrankung auch in der Terraristik immer häufiger ein Thema.

Gesunde Kaulquappen von *Mantella aurantiaca*
Foto: A. Altenmüller

Ich konnte immer wieder Beiträge in Foren lesen, in denen berichtet wurde, dass ganze Froschbestände mit teilweise über 100 Tieren durch Neuzugänge infiziert wurden und binnen weniger Tage bis auf einige wenige Exemplare ausgelöscht wurden.

Therapie

Bei Verdachtsfällen sollte man unbedingt ein entsprechendes Labor kontaktieren (siehe S. 187). Das komplette Einrichtungsmaterial des Terrariums sowie das Becken selbst sollten mit einem geeigneten Fungizid desinfiziert bzw. vernichtet und anschließend gründlich gespült werden (Johnson et al. 2004). Infiziertes Material, Abwasser etc. dürfen auf keinen Fall in die Umwelt gelangen, sondern müssen zuvor fachgerecht desinfiziert werden!

Entweichen

Die meisten Verluste hatte ich leider durch das Ausbrechen von Fröschen aus dem Terrarium. Mantellen besitzen eine unglaubliche Fähigkeit, sich durch selbst die kleinsten Öffnungen hindurchzuzwängen. Man sollte daher unbedingt darauf achten, dass die Terrarien keinerlei Öffnungen oder Spalten aufweisen, die größer als 3 mm sind. Ich habe in all meinen Terrarien Silikonbänder zwischen die Schiebescheiben geklebt, nicht nur um ein Entweichen der Futtertiere zu verhindern, sondern auch das der Frösche. Ich konnte einmal ein Weibchen von *M. aurantiaca* beobachten, wie es sich zwischen zwei Schiebescheiben durchzwängte, die gerade einmal 3 mm Abstand hatten. Leider entweichen auch immer wieder unbemerkt Tiere beim Beregnen oder Füttern aus dem Terrarium. Außerhalb des Beckens überleben die Frösche leider meist keine zwei Stunden.

Mantella milotympanum zwängt sich gerne in kleine Zwischenräume, wie hier in einem Xaximstamm
Foto: A. Altenmüller

Artporträts

Mantella aurantiaca

Verbreitung

Torotorofotsy, Andranomena, Andranomandry (Glaw & Vences 2007). Staniszewski (2001) erwähnt zusätzlich Anosibe An'Ala und Beparasy.

Größe

Weibchen erreichen laut Glaw & Vences (2007) eine Körperlänge von 20–31 mm, die Körperform ist meist kräftiger als bei Männchen. Männchen bleiben mit einer Körperlänge von 18–24 mm auch deutlich kleiner.

Nachzuchttiere erreichen nur selten die Körperlänge von Wildfangtieren. Weibchen werden selten größer als 25 mm, Männchen als 21 mm.

Beschreibung

Mantella aurantiaca ist auf der Oberseite einheitlich gelb oder orange bis hin zu einem kräftigen Orangerot gefärbt, was in den einzelnen Verbreitungsgebieten variieren kann. Die Haut ist glatt, das Tympanum hat den Farbton der Grundfärbung. Die Bauchseite ist einheitlich gefärbt, aber meist etwas heller, wobei durch die dünne Haut im Bauch-/Brustbereich einige Organe gut erkennbar sind. In den Kniebeugen sind kräftige orange oder rot gefärbte Flecken vorhanden, die beim Strecken der Beine sichtbar werden. Diese Flecken sind bei manchen Exemplaren ebenfalls in den Hüftbeugen zu finden. Bei allen mir bekannten Nachzuchttieren sind diese Schenkelflecken hellgelb bis weißlich gefärbt und

Mantella aurantiaca
Foto: A. Altenmüller

wirken wie ausgeblichen. Laut Maurizio Berlaffa (pers. Mittlg. 2011) sind die Schenkelflecken bei Nachzuchttieren, die als Quappen zusätzlich mit Betacarotin gefüttert wurden, wie bei Wildfängen orange oder rot. Die Iris ist fast durchgehend schwarz, besitzt jedoch oben eine kleinflächige helle (goldfarbene) Pigmentierung.

Staniszewski (2001) unterscheidet drei Farbvarianten, die er drei unterschiedlichen Verbreitungsgebieten zuordnet. Die „normale" orange Farbform lebe demnach in Pandanuswäldchen in und um die Torotorofotsy-Sümpfe, die orangegelbe Form in der Beparasy-Region und die orangerote Form, die er 1996 als *M. aurantiaca* „rubra" bezeichnete, in Wäldern um Anosibe An`Ala.

Ähnlich aussehende Arten

Mantella milotympanum ist ebenfalls orange gefärbt, besitzt allerdings eine relativ körnige Haut und als Hauptunterscheidungsmerkmal ein braun gefärbtes Tympanum.

Gelegegröße

Gelege meiner eigenen Zuchtgruppen variierten in Größe und Anzahl der Eier je nachdem, ob es sich bei den Weibchen um Wildfangtiere oder Nachzuchten handelte. Während Wildfangweibchen Gelege mit 79–130 Eiern produzierten, betrug die Anzahl der Eier nachgezüchteter Weibchen lediglich 53–81 pro Gelege.

Aussehen der Quappen

Selbst nachgezogene Quappen waren bei der Entwicklung im Ei anfänglich weiß, nahmen aber um die Zeit des Schlupfes aus der Gallerthülle eine gräuliche Färbung an, die im Lauf der nächsten Tage deutlich dunkler wurde. Lediglich der Dottersack an der Bauchseite war zu diesem Zeitpunkt noch weiß. Im Lauf der Entwicklung bekamen die Quappen eine hellbraune Grundfärbung, auf dem Rücken wurde bei den meisten ein dunkelbraunes Rautenmuster erkennbar, das bei einigen Exemplaren nur angedeutet erschien, bei vielen aber deutlich als doppelte Raute erkennbar war. Gegen Ende der Entwicklung nahm der Körper der Quappe die typische Froschform an, und die Flanken färbten sich von der Schnauze bis zu dem Ansatz der Hinterbeine dunkelbraun. Bis die Quappen die Metamorphose erreichen, dauert es meist 8–12 Wochen.

Unterseite von *Mantella aurantiaca*
Foto: A. Altenmüller

Gelege von *Mantella aurantiaca*
Foto: A. Altenmüller

Quappen von *Mantella aurantiaca* fünf Tage nach dem Schlupf
Foto: A. Altenmüller

Landgänger von *Mantella aurantiaca*
Foto: A. Altenmüller

Aussehen der Jungfrösche

Eigene Landgänger von *M. aurantiaca* waren hellbraun gefärbt. Die Seite ist von der Schnauze bis zur Mitte des Rumpfes dunkelbraun, bis zum Hinterbeinansatz hell mit dunklen Flecken. Die Bauchseite ist einheitlich beige getönt. Über die Beine verlaufen mehrere dunkle Querstreifen, auf dem Rücken ist das für die Quappen typische, dunkelbraun gefärbte Rautenmuster zu sehen. In der oberen Hälfte der Iris ist laut Vences et al. (2007) helles Pigment vorhanden.

Nach etwa 3–4 Monaten beginnen die Jungfrösche sich umzufärben, wobei die braune Färbung erst in ein Rostrot wechselt, bevor spätestens sechs Monate nach der Metamorphose die Umfärbung abgeschlossen ist und die Frösche die für ihre Art typische orange oder gelbe Färbung angenommen haben. Vences et al. (2007) meinen, dass die Umfärbung der Art zur orangeroten Adultfärbung auf einer Reduzierung des dunklen Pigments beruhen könnte.

Quappe von *Mantella aurantiaca* etwa vier Wochen nach dem Schlupf
Foto: A. Altenmüller

Etwa drei Monate alter Jungfrosch von *Mantella aurantiaca*
Foto: A. Altenmüller

Rufe

Die Rufe der Männchen liegen im Bereich zwischen 3,5 und 7 kHz und bestehen aus einzelnen Klicklauten oder Doppelklicklauten (Staniszewski (2001). Bei Anwesenheit anderer Mantellen intensiviert sich die Rufaktivität (Andreone 1992).

Schutzstatus nach IUCN

Critically endangered (vom Aussterben bedroht)

Hauptbedrohung und Schutzmaßnahmen nach IUCN

Laut Vences & Raxworthy (2004) sind die kleinen, stark fragmentierten Wälder, die den Lebensraum der Art bilden, durch Holzgewinnung, Landwirtschaft, Feuer und menschliche Besiedlung bedroht. Lange Zeit wurde das Absammeln für den Tierhandel als Hauptbedrohung angesehen, auch wenn immer wieder berichtet wurde, dass die Bestände sich nach kürzester Zeit erholt hätten.

Momentan scheint allerdings die Zerstörung der Lebensräume die Hauptbedrohung der Art darzustellen. Dr. Rainer Dolch berichtete mir, dass im Jahr 2012 vier Lebensräume zerstört wurden, da dort ein kanadisches Bergbauunternehmen Nickel abbaut. Vier weitere Lebensräume sollen 2013 der Nickelmine zum Opfer fallen. Bei einem gemeinsamen Besuch der Torotorofotsy-Sümpfe wurden wir Zeugen, wie Goldgräber nur etwa 100 m flussabwärts eines Vorkommens von *M. aurantiaca* schürften, obwohl sie sich mitten im Ramsar-Schutzgebiet befanden. Gleichzeitig waren große Flächen des Sumpfgebietes durch Tavy, die traditionelle Brandrodung, für den Reisanbau vorbereitet worden. Wir zählten sieben weitere Brände allein an dem Tag unseres Besuches im Sumpfgebiet.

Als Gegenmaßnahmen sollen Erhaltungszuchtprojekte wie das des Verbands Deutscher Zoodirektoren in Zusammenarbeit mit der DGHT, bei dem ich selber mitarbeite, das Überleben der Art sichern. Laut Vences & Raxworthy (2004) halten 35 Zoos diese Spezies, außerdem ist sie im Anhang B des Washingtoner Artenschutzabkommens gelistet.

Geschlechtsunterschiede

Neben der Körpergröße und -form unterscheiden sich Männchen und Weibchen auch durch andere Merkmale. Häufig sind bei meinen adulten Weibchen auf der Unterseite die weißen Ovarien durch die dünne Bauchdecke gut erkennbar. Bei adulten Männchen sind die von Glaw & Vences (2007) beschriebenen Schenkeldrüsen als weiß gefärbte Fläche an der Untereseite der Oberschenkel zu sehen. In der Paarungszeit erkennt man die Männchen außerdem an der einzelnen Schallbla-

Goldgräber wenige hundert Meter von den Torotorofotsy-Sümpfen, dem Lebensraum von *Mantella aurantiaca* (Nov. 2011)
Foto: A. Altenmüller

Bauchseite eines Weibchens von *Mantella aurantiaca*
Foto: A. Altenmüller

se im Kehlbereich, die sich beim Rufen aufbläht. STANISZEWSKI (2001) erwähnt überdies die sogenannten Wolff'schen Gänge bei Männchen. Sie transportierten nicht nur das Sperma, sondern auch den Urin und seien an der Bauchseite als helle Streifen zu erkennen, von etwa der Bauchmitte ausgehend zur Kloakenregion verlaufend. Weibchen hätten diese als Harnleiter funktionierenden Stränge ebenfalls, allerdings seien sie durch die Ovarien und den Uterus verdeckt und daher schlechter zu sehen

Bauchseite eines Männchens von *Mantella aurantiaca*
Foto: A. Altenmüller

Lebensweise, Haltung und Zucht

Die Lebensräume von *Mantella aurantiaca* sind meist sehr klein. Wie schon STANISZEWSKI (2001) schrieb, sind die besiedelten Pandanuswäldchen so beschaffen, dass an verschiedenen Stellen das Sonnenlicht den Boden erreicht. Hier versammeln sich die Frösche seinen Bobachtungen zufolge in den frühen Morgenstunden. Diese sonnigen Stellen scheinen im Habitat für die Art notwendig zu sein. Auch im Terrarium lassen sich die Tiere immer wieder an lichtdurchfluteten Stellen sehen, die daher unbedingt geschaffen werden sollten.

In der Trockenzeit legen die Frösche eine Art Ruhephase ein. Die Temperaturen betragen nachts teilweise unter 10 °C, weshalb sich die Frösche in dieser Phase laut DOLCH (pers. Mittlg.) bis zu einen Meter tief in der Laubschicht zwischen den Wurzeln der Pandanusbäume verbergen. Zu Beginn der Regenzeit findet man zuerst die Männchen, die vereinzelt von erhöhten Plätzen oder in der Nähe guter Laichverstecke rufen. Später sind die Frösche zu Hunderten bei der Laichablage zu beobachten.

Nach meinen Erfahrungen sollte die Art in relativ großen Terrarien mit Maßen von mindestens 100 x 50 x 70 cm (Länge x Tiefe x Höhe) gehalten werden. Die Becken sollten viele Kletter- und Versteckmöglichkeiten bieten und reichlich bepflanzt sein, jedoch wie gesagt an einigen Stellen das Licht ungehindert den Boden erreichen lassen. STANISZEWSKI (2001) schlägt Gruppengrößen von 4–6 Tieren vor, ich hingegen halte Gruppen von 10–15 Exemplaren, um die Konkurrenz unter den Männchen hoch zu halten. Wie erwähnt benutze ich dafür verhältnismäßig große Becken mit zahlreichen Versteckmöglichkeiten.

Die Frösche benötigen eine etwas trockenere und kühlere Phase im Jahr, um zur Ruhe zu kommen. Ich beheize dazu im Winter mein Terrarienzimmer nur mäßig, was dazu führt, dass die Temperaturen im Terrarium auf ca. 18 °C in Bodennähe sinken. Die Temperaturen sollten allerdings keinesfalls für mehrere Wo-

Habitat von *Mantella aurantiaca* am Rande der Torotorofotsy-Sümpfe
Foto: A. Altenmüller

chen unter 16 °C im Bodenbereich fallen, da die Frösche sonst ihren Stoffwechsel so weit drosseln, dass sie die Nahrungsaufnahme einstellen und Schaden nehmen können. Dies äußerte sich bei meinen Fröschen durch bereits beschriebene Mangelsymptomatiken, die besonders bei heranwachsenden Fröschen auftreten können. Zudem besprühe ich die Einrichtung in dieser Phase nur ein- bis zweimal pro Woche, was allerdings die Feuchtigkeit des Terrariums nicht wesentlich erhöht. Die tägliche Beleuchtungsdauer wird auf zehn Stunden begrenzt, das Futterangebot reduziert.

Um die Paarungsbereitschaft zu erhöhen, werden die Temperaturen nach Ende der Ruhephase auf 20–23 °C in Bodennähe erhöht und die Terrarien täglich beregnet, teilweise sogar bis zu dreimal pro Tag. Gleichzeitig erhöhe ich die Tageslichtdauer auf 12–13 Stunden und füttere die Frösche mindestens drei- bis viermal pro Woche. Staniszewski (2001) gibt Haltungstemperaturen von 18,3–22,2 °C an, in der Ruheperiode 15,5 °C. Die Luftfeuchtigkeit liegt bei ihm in der Paarungsperiode bei 80–95 %, in der Ruhephase bei 60–70 %.

Nach meinen Erfahrungen sind die Gelege etwa walnussgroß und umfassen ca. 80–120 Eier, selten auch bis zu 130 Eier. Bei meinen Nachzuchttieren sind die Gelege deutlich kleiner und bestehen meist aus 53–81 Eiern. Sie werden in der Natur wohl zwischen das Laub abgesetzt, sodass die Quappen später durch die täglichen Regenfälle in die sich bildenden Pfützen gespült werden oder der Wasserspiegel die Gelege einfach überflutet.

Bei mir rufen die Männchen von Plätzen in unmittelbarer Nähe zu potenziellen Laichablagestellen und versuchen damit, die Weibchen anzulocken. Diese Laichablagestellen können kleine Höhlen unter Moospolstern, zwischen Torfstückchen oder alten Blättern sein, sind also oft lichtgeschützt und bieten den Gelegen eine gewisse Feuchtigkeit. Aber auch Wurzeln mit Hohlräumen, teilweise in einer Höhe von bis zu 60 cm über dem Wasserspiegel, werden gerne zur Eiablage genutzt. Hier haben sich bei mir besonders Mangrovenwurzeln bewährt. Die Weibchen prüfen meinen Beobachtungen zufolge vor der Eiablage diese Plätze und wählen bei mehreren rufenden Männchen nach diesem Kriterium ihre Partner aus. Die Männchen wiederum untersuchen jeden sich nähernden Frosch auf seine Laichbereitschaft, indem sie sich mit ihrem Kopf unter die Flanke und den Bauch der Weibchen drücken. Handelt es sich um ein laichbereites Weibchen, springt das Männchen quakend um dieses herum und versucht, es in ein mögliches Laichversteck zu locken.

Zwischen den eigentlich untereinander friedlichen Männchen habe ich häufig kleinere Ringkämpfe beobachtet, die normalerweise harmlos verlaufen. Allerdings können sich diese Ringkämpfe versehentlich ins Wasser verlagern, was bei meinen Fröschen leider immer wieder zum Ertrinken eines der Kontrahenten führte.

Ist das Weibchen nicht von der Eignung des Laichverstecks überzeugt, verlässt es dieses unverrichteter Dinge. Dies kann mehrfach erfolgen. Ist das Versteck in den Augen des Weibchens geeignet, wird dort abgelaicht, wobei laut Staniszewski (2001) ein Amplexus von 5–30 Sekunden stattfinden kann. Ich dagegen konnte lediglich beobachten, dass die Männchen bei der Eiablage ohne Umklammerung auf dem Weibchen sitzen, teilweise auch schräg. Staniszewski (2001) erwähnt, dass weitere Männchen (sog. Satellitenmännchen) sich in der Umgebung der Ablaichstelle aufhalten, um eventuell das Gelege nach dem Ablaichvorgang nochmals zu besamen. Dies könne bis zu acht Stunden nach der Eiablage geschehen. Siglinde Fischer (pers. Mittlg.) bestätigte mir gegenüber diesen Vorgang.

Bei Weibchen, die kurz vor der Laichablage stehen, sind die Eier im Flanken- und seitlichen Rückenbereich häufig als leichte Beulen in der Haut gut zu erkennen. Findet ein Weibchen keinen geeigneten Ablageplatz oder kein paarungsbereites Männchen, verliert es seine Eier nach und nach, sodass im Terrarium verstreut einzelne Eier oder längliche Laichklumpen aus 3–10 Eiern zu finden sind.

Das Gerücht, die Gelege seien äußerst lichtempfindlich und stürben bei Lichteinfall sofort ab, ist nicht wahr. Es hat sich wohl deshalb so lange gehalten, weil *M. aurantiaca* bevorzugt versteckte Stellen zum Ablaichen aufsucht und es zudem im Terrarium sehr häufig Gelege gibt, die sich nicht entwickeln oder absterben und verpilzen. Dies liegt aber beispielsweise an nicht optimalen Bodenverhältnissen oder Temperaturen. Wurden die Gelege auf Weißtorf, Kies oder Mangrovenwurzeln abgesetzt, haben sie sich bei mir meist bestens entwickelt.

Je nach Temperatur ist nach 2–3 Tagen eine deutliche Entwicklung der weißen Eier zu erkennen. Die weißen Quappen schlüpfen nach weiteren 3–5 Tagen aus der Gallerthülle und ernähren sich weitere 3–4 Tage von ihrem deutlich erkennbaren, weißen Dotter, bevor sie frei schwimmen und sich gräulich braun verfärben. Ich nehme die Gelege vorsichtig mithilfe einer Gabel oder eines Löffels aus dem Terrarium, wenn die weißlichen Quappen gut als solche in der Gallerthülle erkennbar sind. Ich überführe den Laich dann in ein kleines Plastikgefäß, das ich mit so viel Wasser befülle, dass der Laich nicht komplett untergetaucht ist. Beginnen die Quappen sich gräulich braun zu verfärben und in der Gallerthülle aktiver zu werden, erhöhe ich den Wasserstand, sodass das Gelege komplett geflutet wird und die Quappen sich problemlos aus der Gallertmasse in das Wasser befreien können. Sobald der Dotter aufgebraucht ist und die Quappen anfangen, frei zu schwimmen, füttere ich sie mit *Spirulina*-Futtertabletten. Die Aufzucht wird dann wie im Kapitel „Versorgung der Quappen“ (siehe S. 75) beschrieben fortgeführt.

Bei herangewachsenen Quappen ist ein dunkelbraunes Rautenmuster auf dem hellbraunen Rücken zu sehen. Die Hinterbeine sind bei meinen Quappen nach 6–8 Wochen zu erkennen. Nach ca. 8–12 Wochen verlassen die etwa 4–8 mm großen, noch braun gefärbten Jungfrösche das Wasser. Die Raute auf dem

Rücken ist weiterhin gut sichtbar. Nach weiteren 10–12 Wochen verlieren die Jungfrösche ihre Jugendfärbung und nehmen allmählich die Orangefärbung der Elterntiere an. Spätestens sechs Monate nach der Metamorphose ist die Umfärbung abgeschlossen.

Nach dem Landgang ist es wichtig, ausreichend Kleinstfutter bieten zu können, da selbst kleinste *Drosophila* nicht überwältigt werden können. Die winzigen Landgänger können anfangs ausschließlich Futter wie Springschwänze fressen und benötigen in den ersten Wochen reichlich davon. Seitdem ich die *Drosophila*-Sorte „Ameise" für mich entdeckt habe, hat sich dieses Problem etwas entspannt. Die Jungfrösche schaffen es recht schnell, d. h. teilweise schon nach 2–3 Wochen, diese kleine, flügellose *Drosophila* zu überwältigen und zu fressen.

Zu erwähnen wäre, dass mir Jungtiere von *M. aurantiaca* bei zu hohen Temperaturen in Massen gestorben sind. Meist passierte mir dies aber in kleinen Terrarien, die sich im Hochsommer schnell auch in Bodennähe deutlich über 28 °C aufheizten. Man kann das Risiko etwas einschränken, indem man die Terrarien so einrichtet, dass die Fröschlein ausreichend kühle Versteckplätze zur Verfügung haben. Auch sollten die Becken eine entsprechende Größe aufweisen, damit sie auch bei hohen Raumtemperaturen nicht zu schnell zu warm werden. Terrarien mit einer Kantenlänge von mindestens 50 cm (Länge x Tiefe x Höhe) haben sich bei mir bewährt, wobei besonders die Höhe nicht unter 50 cm liegen sollte. Für Aufzuchtgruppen mit mehr als 30 Landgängern sollten die Becken deutlich größer sein, bzw. man sollte die Jungfrösche spätestens drei Monate nach der Metamorphose auf verschiedene Terrarien verteilen oder in größere Becken umsetzen, sodass je 30 Jungfrösche eine Grundfläche von mindestens 80 x 50 cm zur Verfügung haben.

Generell pflege ich meine Jungfrösche in gut eingefahrenen und bewachsenen Terrarien mit ausreichend Versteckplätzen und hoher Futtertierdichte. Die frisch umgewandelten Frösche halten sich meist in ihren Versteckplätzen auf und warten auf vorbeikommende Futtertiere, weshalb die erwähnte hohe Futtertierdichte extrem wichtig ist. Erst mit der Umfärbung nach 3–6 Monaten beginnen die Jungfrösche, aktiv im Terrarium herumzuklettern und nach Futter zu suchen. Die Geschlechtsreife wird erst nach 1–1,5 Jahren erreicht.

Bei guter Pflege können die Tiere ein hohes Alter erlangen. Zwei Exemplare, die ich 1992 als adulte Wildfänge kaufte, gingen mir erst im August 2005 bzw. im August 2006 ein. Siglinde Fischer hat mir aber 2005 auch von Nachzuchttieren berichtet, die bis zu 20 Jahre alt wurden.

Häufige Schwierigkeiten bei der Haltung

Es wird oft behauptet, Mantellen, allen voran *M. aurantiaca*, müssten kühl gehalten werden, da sie keine hohen Temperaturen vertrügen. Dies stimmt so nicht. *Mantella aurantiaca* bevorzugt Temperaturen zwischen 20 und 26 °C in Bodennähe, kann in einem gut eingerichteten Terrarium aber auch kurzfristig höhere Temperaturen von 28–30 °C in Bodennähe vertragen, vorausgesetzt, die Frösche haben ausreichend Versteckmöglichkeiten, in die sie sich zurückziehen können. Zimmermann et al. (1990) geben Lufttemperaturen von 17,8–28,8 °C im Habitat an.

Jungfrösche sollten nicht bei Temperaturen unter 18 °C im Bodenbereich gehalten werden, da es sonst häufig zu einem Herabsetzen der Stoffwechselaktivität kommt, die zur Reduzierung der Nahrungsaufnahme führen kann. Die Jungfrösche entwickelten in diesen Fällen bei mir meist Skoliosen und gingen nach einigen Wochen ein.

Weitere häufige Probleme sind wie bereits beschrieben zu tiefe Wasserteile mit zu steilen Uferbereichen, die zum Ertrinken der Tiere führen können, schlecht schließende Terrarien oder allgemein Becken mit Öffnungen, durch die die Frösche entweichen können, und zu häufiges Bestäuben der Futtertiere mit Mineralstoffen, was zu Hautveränderungen führen kann.

Mantella baroni

Verbreitung

Ambohimitombo, An'Ala, Anamazoatra, Andranomena, Andriabe, Andringitra, Ankeniheni, Anosibe, Antratrabe, Besariaka nahe Moramanga, Farihimazana, Ikongo, Iorantjatsy, Ivohibe, Mantadia, Rianosoa, Maralambo, Marovitsika, Midongy, Niagarakely, Ranomafana, Tsianovoha (Glaw & Vences 2007).

Größe

Staniszewski (2001) gibt die Größe der Weibchen mit 22–28 mm an, die der Männchen mit 20–27 mm. Glaw & Vences (2007) nennen für die Art allgemein 22–30 mm.

Beschreibung

Glaw & Vences (2007) beschreiben die Art wie folgt: Kopf, Rücken und Flanken sind tiefschwarz, ohne Farbgrenze im oberen Flankenbereich. Ein Zügelstreifen fehlt. Ein gelblicher Streifen zieht sich über die Schnauze und die Augen, ist jedoch nicht mit den Flankenflecken verbunden. Die Vorderbeine sind gelb bis grünlich. Diese Färbung geht in die relativ großen, rundlichen Flankenflecken über, die sich teilweise bis auf den Rücken ausbreiten können. Unterschenkel und Fuß sind orange, mit unregelmäßigen Querstreifen oder Markierungen. Es sind keine Schenkelflecken vorhanden. Die Iris ist komplett schwarz, ohne helle Pigmentierung. Bauch, Kehle und Beine sind schwarz, mit wenigen

Mantella baroni (Ranomafana)
Foto: A. Altenmüller

Bauchseite von *Mantella baroni* (Ranomafana)
Foto: A. Altenmüller

gelblichen, grünlichen oder seltener bläulichen Flecken. Die Kehle zeigt in der Regel keine Hufeisenzeichnung, dafür aber einen einzelnen, runden Fleck, teilweise kann sie aber auch komplett schwarz sein. Unterschenkel und Fuß sind unterseits orange, wie auf der Oberseite, weisen hier aber meist keine schwarzen Zeichnungen auf. Die orange Färbung kann teilweise bis in den unteren Bereich des Oberschenkels reichen, nie aber bis zum oberen.

Wir fanden in Ranomafana ein Exemplar, bei dem der Rand der Flankenflecken deutlich heller war als der übrige Anteil der Zeichnung.

Ähnlich aussehende Arten

Mantella madagascariensis zeigt auf der Oberseite genau dieselbe Zeichnung wie *M. baroni.* Laut Glaw & Vences (2007) ist bei *M. madagascariensis* jedoch eine Hufeisenzeichnung an der Kehle zu sehen, wo *M. baroni* nur einzelne Punkte als Zeichnung besitzt. Schenkelflecken sind vorhanden. Die Iris ist im oberen Bereich hell pigmentiert. Die Unterseite des Oberschenkels ist bei *M. madagascariensis* rot gefärbt.

Mantella pulchra besitzt eine eher bräunliche Rückenfärbung, die meist zur Schnauze hin heller wird. Die Färbung der Flankenflecken geht ins Grünliche. Die Oberseite der Unterschenkel ist braun, in den Kniekehlen sind orangerote Schenkelflecken vorhanden.

Gelege

Die Gelege umfassen laut Tessa et al. (2009) 53–64 Eier. Untersucht wurden sieben Gelege, wobei der Durchschnitt der Gelegegröße bei 42 Eiern lag. Der Eidurchmesser betrug bei 140 untersuchten Eiern 1,39–1,88 mm, im Mittel 1,64 mm. Glaw & Vences (1994) beschreiben die Eier als weißlich gelb oder weiß bis sandfarben. Bei Staniszewski (2001) zeigten sie 24 Stunden nach der Ablage bei 21,1 °C bereits deutliche Anzeichen einer Entwicklung.

Aussehen der Quappen

Nach 4–6 Tagen ist die Entwicklung der Quappen abgeschlossen. Die 10 mm großen Quappen sind zu Beginn gräulich gefärbt und bleiben vier Tagen inaktiv in Gelegenähe. Nach 36 Tagen sind die schiefergrauen Quappen etwa 30 mm groß und haben silbrige Sprenkel. Nach 70 Tagen, selten nach mehr als 200 Tagen, gehen die 8–10 mm großen Fröschlein an Land (Staniszewski 2001).

Aussehen der Jungfrösche

Kopf und Rücken sind einheitlich dunkelbraun gefärbt, wobei die Rostralkante am Kopf heller ist. Die Flanken sind bis auf einen kleinen, runden, grüngelben Fleck am Vorderbeinansatz schwarz. Oberarme und Oberschenkel sind eben-

Habitat nahe Andasibe, in dem laut Dr. Rainer Dolch (pers. Mittlg.) einst *Mantella baroni* vorkam
Foto: A. Altenmüller

falls grüngelb gefärbt, die Unterarme bräunlich. Die Oberseite des Unterschenkels und des Fußes ist jeweils braunrot und zeigt eine dunkle Querbänderung, während die Unterseite mit Ausnahme der schwarzen Fußgelenke rot ist. Die komplette Unterseite inklusive Kehle, Armen und Oberschenkeln ist schwarzgrau und zeigt besonders im unteren Bauchbereich rundliche, blaugraue Flecken. Ein isolierter blaugrauer Fleck befindet sich auf der Kehle. In der oberen Hälfte der Iris ist fast kein helles Pigment zu sehen (Glaw et al. 2000).

Rufe

Nach Staniszewski (2001) beschreibt Andreone (1992) die Rufe der Männchen als einzelne Klicklaute, die im Bereich von 3–9 kHz liegen, bei einer Hauptfrequenz von 4,5 kHz.

Schutzstatus nach IUCN

Least Concern (nicht gefährdet)

Hauptbedrohung und Schutzmaßnahmen nach IUCN

Die einzige Bedrohung der Art besteht in der Abholzung der Habitate. Das Sammeln für die Tierhaltung spielt aufgrund der Anpassungsfähigkeit der Art und des Vorkommens in alleine drei Nationalparks keine wirkliche Rolle. Die Art ist ebenfalls im Anhang B des Washingtoner Artenschutzabkommens gelistet (Nussbaum et al. 2004).

Geschlechtsunterschiede

Laut Staniszewski (2001) sind die Männchen kleiner und schmaler und besit-

Fundort von *Mantella baroni* (Ranomafana)
Foto: A. Altenmüller

zen in manchen Verbreitungsgebieten eine hellere Färbung, was besonders auf den Flankenfleck zutrifft.

Lebensweise, Haltung und Zucht

Mantella baroni ist eine sehr weit verbreitete Art, die in den Habitaten auch zahlreich anzutreffen ist. Die Verbreitungsgebiete dieser Art sind auf Ost-Madagaskar beschränkt, wobei laut Vences (1999) in der Region um Andasibe besonders viele Habitate liegen.

Die Art scheint wichtige Grundanforderungen an die Habitate zu stellen. Man findet sie in Primärwäldern oder älteren Sekundärwäldern in Höhen von 500–1200 m ü. NN, in denen die Tagestemperaturen bei 17,8–24,4 °C liegen, während die Nachttemperaturen auf 14,4 °C fallen. Die Luftfeuchtigkeit beträgt 75–100 %. Hier leben die Frösche am steinigen Ufer kleiner Flüsse und Bäche oder in der Laubschicht sowie im grasigen Dickicht (Staniszewski 2001).

Wir fanden zahlreiche Exemplare nahe einem kleinen Wasserlauf in der Nähe von Ranomofana. Die Frösche hielten sich im dichten Bodenbewuchs an einer Böschung am Rand eines Waldes auf. Aufgrund der dichten Vegetation war es uns nicht möglich, auch nur wenige Schritte in den Wald einzudringen. Wir waren mehrmals zu unterschiedlichen Zeiten an derselben Stelle, fanden aber nicht immer

Mantella baroni (Ranomafana)
Foto: A. Altenmüller

Exemplare von *Mantella baroni*. Am späten Nachmittag gegen 16:00 Uhr hatten wir das Glück, zehn *M. baroni* und ein halbwüchsiges Exemplar von *M. madagascariensis* zu sehen. Am folgenden Tag entdeckten wir um die Mittagszeit lediglich einige *Mantidactylus*-Arten, aber keine *M. baroni*. Am Tag unserer Abreise konnten wir gegen 8:00 Uhr drei weitere Exemplare von *M. baroni* ausmachen. Dies weist darauf hin, dass die Aktivitäten tageszeitlich unterschiedlich sind.

Staniszewski (2001) empfiehlt, *M. baroni* ähnlich wie *M. aurantiaca* oder *M. crocea* zu pflegen. Die Haltungstemperaturen werden von ihm mit 15,5 bis maximal 23,9 °C angegeben. Längere Perioden über 24 °C vertrügen die Frösche nicht. Auch eine hohe Luftfeuchtigkeit scheint für eine erfolgreiche Haltung und Zucht notwendig zu sein. Für die Einrichtung des Terrariums schlägt Staniszewski einen kleinen Wasserfall oder Wasserlauf vor, um die Luftfeuchtigkeit hoch zu halten. Ihm zufolge sollte der Uferbereich des Wasserlaufes mit vielen Steinen und Moospolstern versehen sein, um optimale Haltungsbedienungen zu schaffen.

Wie bei einigen anderen Arten ist auch bei *M. baroni* eine trockene Ruhephase mit niedrigen Temperaturen von nach meinen Erfahrungen etwa 18 °C im Bodenbereich notwendig, um die Paarungsbereitschaft zu steigern. In Staniszewskis Gruppen übernahm ein Männchen die dominierende Rolle und rief von erhöhten Positionen aus. Andere Männchen riefen aus dem Verborgenen und wurden, sobald sie versuchten, die Position des dominanten Männchens zu erklimmen, von diesem heruntergerungen. Staniszewski konnte niemals beobachten, dass mehrere Männchen die Gelege befruchtet hätten.

Die Eier fand er meist versteckt in feuchten, vermoosten Spalten zwischen Steinen im Uferbereich des Wasserteils. In natürlich eingerichteten Terrarien kann man ihm zufolge die Gelege an Ort und Stelle belassen und die Quappen im Wasserteil des Terrariums zeitigen lassen und dort aufziehen. Falls man die Quappen in einem Aquarium aufziehen möchte, empfiehlt er zu Beginn eine Belüftung und leicht saure pH-Werte, ohne jedoch genauere Angaben zu machen. Bei 20–22,2 °C schlüpfen die Quappen nach 4–6 Tagen. Nach weiteren vier Tagen schwammen die Quappen bei Staniszewski frei und begannen Algen, gefriergetrocknete Daphnien und rote Mückenlarven in Pulverform zu fressen, die auf die Wasseroberfläche gestreut wurden. Bei einigen Nährstoffen neigen die Quappen zur Gasbildung im Verdauungstrakt, was zur Folge hat, dass sie mit dem Bauch nach oben an der Wasseroberfläche gefangen sind. Dieses Phänomen konnte ich ebenfalls immer wieder bei Quappen von *M. laevigata* beobachten, wenn das Wasser nur unregelmäßig gewechselt wurde oder ich schlichtweg zu viel Futter gegeben hatte.

Staniszewski empfiehlt als Gegenmaßnahme eine bessere Belüftung des Wassers sowie eine kräftige Filterung und täglichen Wasserwechsel von mindestens 30–50 %. Die Metamorphose ist nach 70–200 Tagen abgeschlossen, und die etwa 8–10 mm großen Frösche gehen an Land. Die Umfärbung der dunkelgrauen bis schwarzen Jungfrösche mit hellbraunen Hinterbeinen ist bei einer Körperlänge von 12–14 mm nach 6–10 Wochen abgeschlossen.

Häufige Schwierigkeiten bei der Haltung

Mantella baroni ist laut Staniszewski (2001) anfällig für HRMSS und hat Schwierigkeiten mit hartem Wasser, ob es nun zum Beregnen des Terrariums oder für den Wasserteil verwendet wird. Er empfiehlt deshalb, behandeltes Leitungswasser und abgekochtes Regenwasser zu verwenden, da immer wieder Frösche beobachtet wurden, die nach Verwendung unbehandelten Leitungswassers Krämpfe bekamen.

Mantella baroni
Foto: H.-P. Berghof

Mantella bernhardi

Verbreitung

Mangevo (Ranomafana), Manombo nahe Tolongoina, Vevembe und andere ungenannte Orte (GLAW & VENCES 2007)

Größe

Laut STANISZEWSKI (2001) werden Männchen 16–18 mm groß, Weibchen 18–20 mm. GLAW & VENCES (2007) geben Körpergrößen bis 22 mm an – es handelt sich somit um den kleinsten Gattungsvertreter.

Beschreibung

Kopf und Rücken sind dunkelgrau oder braun, teilweise mit einer dünnen, hellen Linie entlang der Mitte des Rückens. Die Seiten sind schwarz. Ein Zügelstreifen ist nicht vorhanden. Die Oberseite der Vorderbeine ist gelblich, die Hinterbeine sind leuchtend gelb, Unterarme und Unterschenkel braun. Der obere Teil der Iris ist hell pigmentiert. Der Bauch ist schwarz und besitzt unregelmäßige, bläuliche Flecken. Die Kehle weist eine deutliche Hufeisenzeichnung auf. Die Unterseite der Beine ist orange (GLAW & VENCES 2007).

Mantella bernhardi
Foto: A. Altenmüller

Änlich aussehende Arten

Mantella haraldmeieri ist mit 21–28 mm deutlich größer. Der Rücken ist hellbraun, mit dunkelbraunen Flecken. Die Seite ist braun gefärbt. Die Hinterbeine sind an der Oberseite komplett gelblich braun gefärbt und zeigen angedeutete Querstreifen. An der Unterseite sind die Oberschenkel schwarz, mit bläulichen Punkten (GLAW & VENCES 2007).

Gelegegröße

Die Gelege können bis zu 80 weißliche Eier umfassen, mit einem Durchmesser von 1,6 mm (STANISZEWSKI 2001).

Aussehen der Quappen

STANISZEWSKI (2001) beschreibt selbst nachgezogene Quappen, die acht Tage nach der Eiablage schlüpften, als cremefarben, mit einer Länge von etwa 6 mm. Die Entwicklung verlief bei einer Wassertemperatur von 24,4 °C sehr langsam. 16 Wochen nach dem Schlupf betrug die Gesamtlänge nur 15 mm. Erst in diesem Stadium entwickelte sich die braune Pigmentierung der Quappen, wobei ein weißer Balken an der Schnauze zu erkennen war. Die Hinterbeine entwickelten sich nach 20 Wochen, die Vorderbeine brachen bei einer Gesamtlänge von 20 mm nach 24 Wochen durch.

Aussehen der Jungfrösche

Staniszwski brachte 1995 nach 28 Wochen die ersten Jungfrösche mit einer Körperlänge von gerade einmal 5 mm zur Metamorphose. Die Färbung war fast identisch wie die der adulten Tiere, nur etwas heller.

Bauchseite von *Mantella bernhardi* aus Ranomafana Mangevo
Foto: M. Vences

Rufe

Laut Glaw & Vences (1994) erinnern die Rufe stark an das Zirpen von Grillen (Staniszewski 2001). Der Ruf besteht aus einem einzelnen Triller, der unregelmäßig wiederholt wird. Die Frequenz liegt zwischen 4,8 und 5,7 kHz.

Schutzstatus nach IUCN

Endangered (stark gefährdet)

Hauptbedrohung und Schutzmaßnahmen nach IUCN

Nach Berichten von Cadle & Roxworthy (2004) gilt als Hauptbedrohung die Zerstörung der Lebensräume durch Land- und Viehwirtschaft, Holzeinschlag, Köhlerei, Tavy (Brandrodung) und zunehmende menschliche Besiedlung im Bereich der Habitate.

Die Art lebt in der Manombo Special Reserve, Ranomafana-Nationalpark. Zudem ist die Art im Anhang B des Washingtoner Artenschutzabkommens gelistet (Cadle & Roxworthy 2004).

Geschlechtsunterschiede

Staniszewski (2001) schreibt, dass die Männchen meist 2–4 mm kleiner sind als die Weibchen und an den Oberseiten der Oberschenkel und Oberarme ein leuchtenderes Gelb zeigen. Die Hufeisenzeichnung ist bei den Männchen gewöhnlich ebenfalls deutlich ausgeprägter als bei den Weibchen.

Lebensweise, Haltung und Zucht

Entgegen früheren Berichten aus den 1990er-Jahren, laut denen nur ein einziger Fundort im Südosten Madagaskars bekannt war, geben Glaw & Vences (2007) mehrere Lokalitäten in geringen Höhen über dem Meeresspiegel an. Meist sind dies fragmentierte Waldstücke in Regenwaldgebieten, die manchmal mit Sumpfgebieten verbunden sind.

Staniszewski (2001) beschreibt die Klimaverhältnisse dieser Regenwälder als warm und feucht. Andreone äußerte ihm gegenüber, dass die Frösche in ihrem Habitat während der trockenen Sommermonate zwischen Juni und September nur schwer zu finden sind.

Staniszewski (2001) berichtet über eine Gruppe dieser Art, die er 1995 erhalten hatte. Die Tiere fraßen schlecht und wirkten schwach, während sie einzeln in kleinen Quarantänebecken untergebracht waren. Erst als er sie gemeinsam in ein größeres Terrarium umsetzte und das Klima nachts auf etwa 20 °C und am Tag 24,4 °C bei über 85 % Luftfeuchte brachte, was in etwa den Temperaturbedingungen des natürlichen Habitates entspricht, begannen die Frösche binnen weniger Stunden normal zu fressen und die Männchen umgehend kleine Territorien für sich zu beanspruchen.

Etwa sechs Wochen alte Nachzuchttiere, die ich von ihm im Herbst 2011 bekam, waren so klein, dass sie gerade einmal Springschwänze fressen konnten. Sie legten nur sehr langsam an Körpergröße zu und hielten sich fast ausschließlich in ihren Verstecken auf, auch wenn das Becken beregnet wurde und die Tiere anschließend Futter erhielten. Erst als ich durch regelmäßiges Benebeln des Terrariums die Luftfeuchtigkeit dauerhaft erhöhte, zeigten die Frösche deutlich mehr Aktivität, waren häufiger auch außerhalb ihrer Versteckplätze zu beobachten und wuchsen rascher.

Laut Staniszewski (2001) sind die Männchen am Tag deutlich aktiver und weniger schreckhaft als die versteckt lebenden Weibchen. Als Futter empfiehlt er neben Ameisen der Gattung *Formica*, die von anderen *Mantella*-Arten nicht genommen werden, 2–4 mm große Grillen, die die Frösche wohl besonders gerne fressen. Er fand heraus, dass die Art bezüglich der Temperaturen äußerst tolerant zu sein scheint. Seine Gruppe überstand Temperaturen zwischen 15,6 und 28,9 °C ohne Probleme.

Mantella bernhardi ist Staniszewski zufolge einfach zu vermehren, gesunde Exemplare vorausgesetzt. In der Natur erleben die Frösche eine jahreszeitliche Periode mit kühlem, trockenem Wetter, was in Terrarienhaltung berücksichtigt werden sollte. Erhöht man die Temperaturen

Mantella bernhardi
Foto: A. Altenmüller

auf 24,4 °C und benebelt das Terrarium regelmäßig, beginnen die Männchen von erhöhten Positionen aus zu rufen, von denen aus sie ihr Territorium gut überblicken können. Die Rufe können fast unvermindert den ganzen Tag bis in die Dämmerung hinein anhalten. Der wichtigste Stimulus scheint due hohe Luftfeuchtigkeit zu sein, weshalb ein dauerhaftes Benebeln des Terrariums wichtig ist.

Die Weibchen setzten bei Staniszewski Gelege mit 80 weißen Eiern in feuchten Vertiefungen ab. Er konnte bei einer der Eiablagen eine Art Kopfamplexus des Männchens beobachten.

Die Entwicklung der Quappen verlief bei Temperaturen von etwa 24 °C relativ langsam. Erst nach 20 Wochen waren die Hinterbeine erkennbar. 24 Wochen nach der Eiablage brachen die Vorderbeine aus den Taschen. Die Jungfrösche vollendeten die Metamorphose nach 28–45 Wochen, wobei die Körperlänge der Landgänger gerade einmal 5–7 mm betrug. Die Aufzucht der Jungfrösche gestaltete sich aufgrund der geringen Körpergröße schwierig, und Staniszewski berichtet von einer hohen Sterblichkeitsrate von etwa 60 %. Überlebende Fröschlein zog er in kleinen Gruppen von 3–4 Tieren mit Blattläusen und Springschwänzen groß. Erst drei Monate nach der Metamorphose konnten die zehn überlebenden Frösche Fruchtfliegen fressen. In den darauffolgenden Jahren hatte er immer wieder Erfolg mit der Nachzucht dieser Art.

Mantella bernhardi aus Ranomafana Mangevo
Foto: M. Vences

Mantella betsileo

Verbreitung

Ambatondradama, Ampoza, Antratrabe, Isalo, Kirindy, Morondava, Tsingy de Bemaraha (Glaw & Vences 2007).

Größe

Glaw & Vences (2007) geben die Größe der Weibchen mit 19–26 mm an, die der Männchen mit 18–21 mm. Laut Staniszewski (2001) messen Weibchen 22–28 mm, Männchen 20–26 mm.

Beschreibung

Kopf und Rücken sind gelblich, rötlich oder hellbraun, gewöhnlich mit diamantförmigen Zeichnungen. Die Färbung des Rückens ist von den schwarzen Flanken deutlich abgegrenzt. Ein heller Zügelstreifen reicht bis zur Schnauzenspitze. Die Bauchseite ist schwarz, mit blauen Punkten, die sich bis zur Kehle ausbreiten. Die obere Hälfte der Iris ist goldfarben pigmentiert (Glaw & Vences 2007).

Änlich aussehende Arten

Mantella ebenaui ist laut Glaw & Vences (2007) *M. betsileo* sehr ähnlich, beide Arten seien morphologisch und genetisch momentan nicht voneinander zu unterscheiden, würden aber dennoch weiterhin als unterschiedliche Arten angesprochen, da die gesammelten Genproben nicht ausreichend ausgewertet werden konnten. Die mir bekannten Bilder von *M. ebenaui* zeigen allerdings einen gut erkennbaren Blauanteil an Füßen und Beinen.

Mantella betsileo
Foto: A. Altenmüller

Mantella sp. aff. *viridis* „Ankarana" wird laut Glaw & Vences (2007) mit bis zu 30 mm bei Weibchen deutlich größer als *M. ebenaui* und *M. betsileo*.

Die Beine von *Mantella* sp. aff. *expectata* „South" sind deutlich heller als bei *M. betsileo*. Der Zügelstreifen an der Oberlippe endet an der Vorderkante der Augen (Glaw & Vences 2007).

Unterseite von *Mantella betsileo*
Foto: A. Altenmüller

Gelegegröße

Tessa et al. (2009) geben die Gelegegröße mit 45–85 Eiern an. Untersucht wurden vier Gelege. Der Durchmesser betrug bei 80 Eiern 0,92–1,52 mm. Glaw & Vences (2007) erwähnen ein Gelege mit 35 gelblichen Eiern, das unter einem umgestürzten Baumstamm in der Nähe eines Waldteiches gefunden wurde.

Aussehen der Quappen

Glaw et al. (2000) beschreiben 1996 nachgezüchtete Quappen als kupferbraun gefärbt. Die für einige *Mantella*-Arten typischen dunklen Rautenzeichnungen waren erkennbar.

Aussehen der Jungfrösche

Laut Glaw et al. (2000) ähneln die Jungfrösche von *M. betsileo* bereits kurz nach der Metamorphose adulten Tieren. Die gesamte Rückenpartie ist braun, die Flanken sind bereits schwarz gefärbt. Vorder- und Hinterbeine sind graubraun marmoriert. Der helle Streifen entlang der Oberlippe ist bereits nach Abschluss der Metamorphose deutlich sichtbar. Die Iris ist im oberen Anteil hell pigmentiert.

Rufe

Laut Andreone (1992) bestehen die Rufe aus Serien von Doppelklicklauten, bei denen die Pause zwischen den beiden Impulsen kaum wahrnehmbar ist. Die Rufe der Männchen können 30–40 Sekunden andauern. Die Frequenz liegt zwischen 4,8 und 6,8 kHz (Staniszewski 2001).

Schutzstatus nach IUCN

Least Concern (nicht gefährdet)

Hauptbedrohung und Schutzmaßnahmen nach IUCN

Bei *M. betsileo* handelt es sich um eine sehr anpassungsfähige Art, deren Habitate keinerlei ernsten Bedrohungen ausgesetzt zu sein scheinen. Auch werden nur wenige Tiere für den Handel gesammelt. Die Art lebt in Schutzgebieten und steht auf Anhang B des Washingtoner Artenschutzabkommens (Nussbaum et al. 2004).

Geschlechtsunterschiede

Geschlechtsunterschiede sind kaum feststellbar, da sich Männchen und die Weibchen kaum in Körperform und Größe unterscheiden. Laut VENCES (1999) haben die Männchen eine ausgeprägtere Hufeisenzeichnung an der Kehle.

STANISZEWSKI (2001) gibt an, in der Kloakenregion der Männchen seien gut entwickelte, orange Schenkelporen gut zu erkennen, die bei Weibchen nicht ganz so ausgeprägt seien.

Lebensweise, Haltung und Zucht

Nach wie vor gibt es aufgrund des wohl identischen Erscheinungsbildes Verwirrung um *M. betsileo* und *M. ebenaui*. STANISZEWSKI (2001) erwähnt *M. ebenaui* nicht, gibt bei der Artbeschreibung von *M. betsileo* aber bei den Verbreitungsgebieten Regionen in Küstengebieten an der Nordwest- und der Ostküste Madagaskars an, die den Verbreitungsgebieten von *M. ebenaui* entsprechen. Ebenfalls lässt sich nicht mit Bestimmtheit sagen, ob es sich bei weiteren Haltungsbeschreibungen um Gruppen von *M. betsileo* oder *M. ebenaui* handelte.

RABEMANANJARA et al. (2007) lokalisieren die Habitate von *M. betsileo* eher im zentralen Hochland und an der Ostküste im Kirindy-Gebiet, die Lebensräume von *M. ebenaui* dagegen

Mantella betsileo
Foto: A. Altenmüller

eher an der Ost- und Westküste Madagaskars. Nussbaum et al. (2004) geben auf der Internetseite der IUCN an, *M. betsileo* sei in den unterschiedlichsten Habitaten eher im Westen Madagaskars zu finden, wie Trockenwäldern, Savannenwäldern oder freien Flächen.

Edmonds (2006) ergänzt, dass es sich wohl bei den meisten Fröschen, die im Tierhandel als *M. betsileo* angeboten werden, um *M. ebenaui* handelt. Solange man den genauen Ort, an dem sie gesammelt wurden, nicht kennt, ist eine genaue Bestimmung der Art nicht möglich. Er erwähnt allerdings, dass die Haltung von Fröschen mit einer braunen Rückenfärbung, wie sie *M. betsileo* und *M. ebenaui* haben, sehr einfach ist. Sie tolerieren sowohl hohe wie auch niedrige Temperaturen und fressen eine große Bandbreite an Futtertieren.

Ich persönlich hatte mit mehreren Gruppen, die ich als *M. betsileo* bestimmt hatte, leider wenig Erfolg und fand immer wieder gestorbene Frösche in meinen Terrarien, ohne dass der Verdacht von Seuchen oder einer Erkrankung nahe gelegen hätte. Mir ist immer wieder zu Ohren gekommen, die Lebenserwartung von *M. betsileo* sei mit nur 3–5 Jahren (Staniszewski 2001) im Verhältnis zu anderen *Mantella*-Arten sehr gering, was ich aufgrund meiner Erfahrungen bestätigen muss.

Mantella betsileo
Foto: A. Altenmüller

Mantella cowanii

Verbreitung

Ambatondradama, Antoetra, Antratrabe, Betafo, Farihimazana, Itremo, Soamazaka nahe Tsinjoarivo, Vatolampy, Vohisokina (Glaw & Vences 2007).

Größe

Weibchen werden laut Staniszewski (2001) 25–31 mm groß, Männchen 22–27 mm.

Beschreibung

Kopf, Rücken und Flanken sind schwarz. Es gibt weder einen Zügelstreifen noch einen Streifen über der Augen-Schnauzen-Region. Der proximale Teil des Humerus und des Schenkels sind in der Regel rot, selten orange oder gelb. Die Färbung breitet sich als kleine Flankenflecken aus und ist ebenfalls als breites Band über dem Fuß sichtbar. Manchmal ist ebenfalls ein kleiner Punkt unter dem Auge zu erkennen. Schenkelflecken fehlen. Die Iris ist komplett schwarz. Die Bauchseite ist schwarz, mit runden, hellblauen Flecken. An der Kehle fehlt die hufeisenförmige Zeichnung, stattdessen sind dort einzelne blaue Flecken zu finden. Auf der Unterseite der Beine sind rote Bänder über Oberschenkel, Unterschenkel und Fuß zu sehen, die in der Färbung denen der Oberseite entsprechen (Glaw & Vences 2007).

Mantella cowanii Foto: F. Glaw

Änlich aussehende Arten

Aufgrund der einzigartigen Erscheinung ist eine Verwechslung mit anderen Arten nicht möglich.

Gelegegröße

Tessa et al. (2009) geben die Gelegegröße mit 20–57 Eiern an. Der Eidurchmesser liegt bei 1,59–2,37 mm, wobei die Gallerthülle laut Rabibisoa (2008) einen Durchmesser bis 7 mm erreichen kann. Staniszewski (2001) zufolge sind die Eier cremefarben.

Aussehen der Quappen

Bei einer Temperatur von 18,3 °C schlüpfen die Quappen zwölf Tage nach der Eiablage. Die 10 mm großen Larven sind hell und scheinen sich mit ihrem Maul an treibende Vegetation zu heften. Sie entwickeln sich relativ langsam und schwimmen erst 10–14 Tage nach dem Schlupf frei. Nach etwa 60 Tagen sind sie mit 29 mm deutlich größer als Quappen anderer Arten. Die Hinterbeine sind nach 72–80 Tagen zu sehen, die Metamorphose ist nach 100 Tagen oder später abgeschlossen (Staniszewski 2001).

Aussehen der Jungfrösche

Die 10–12 mm großen Jungfrösche ähneln Staniszewski (2001) zufolge adulten Tieren, wobei die Flecken im Bereich der Vorderbeine sehr klein sind oder fehlen. Die Farbe scheint anfänglich sehr bleich zu sein.

Unterseite von *Mantella cowanii*
Foto: F. Glaw

Rufe

Laut Glaw & Vences (1994) sind die Rufe der Männchen relativ laut, tief und bestehen aus kurzen Klicklauten mit Frequenzen zwischen 4 und 5 kHz (Staniszewski 2001).

Schutzstatus nach IUCN

Critically endangered (vom Aussterben bedroht)

Hauptbedrohung und Schutzmaßnahmen

Die Hauptbedrohung für *M. cowani* liegt im Verlust der Habitate durch Tavy (Buschfeuer), das Weiden von Vieh sowie der Trockenlegung der Habitate und deren Fragmentierung. Aber auch die Hybridisierung mit *M. baroni* scheint ein großes Problem darzustellen. Ein Team um Andreone fand 2003 in der Nähe von Antoetra etwa zehn Hybriden zwischen *M. cowani* und *M. baroni*, die im selben Habitat leben und sich genetisch sehr nahe stehen. 2008 fand ein Team von Conservation International in einem anderen Habitat ebenfalls einen Hybriden dieser beiden Arten.

Zwei lokale Vereinigungen namens FOMISAME und MATE haben zwei Schutzgebiete für *M. cowani* in Antoetra und Itremo ins Leben gerufen. Aufgaben sind neben der Überwachung des Sammelverbots der Frösche das Beobachten der Populationen in Bezug auf Krankheiten, Sensibilisierung der Bevölkerung im Umgang mit der Art und ihren Habitaten und das Untersuchen möglicher weiterer Habitate von *M. cowani* im Hochland Madagaskars (Rabibisoa 2008).

Mantella cowanii Foto: F. Glaw

Geschlechtsunterschiede

Laut Staniszewski (2001) sind die Männchen meist kleiner als Weibchen. Abgesehen von Rufaktivitäten ist die Differenzierung der Geschlechter allerdings schwierig.

Lebensweise, Haltung und Zucht

Rabibisoa (2008) zufolge lebt die Art entweder im Waldrandbereich oder in unbewaldeten Gebieten. Dort scheinen das Vorhandensein entweder eines fließenden Gewässers in der Nähe oder felsigen Sumpflands Grundvoraussetzung für das Vorkommen zu sein. Wie bei fast allen *Mantella*-Arten werden die Gelege an Land abgesetzt und durch starke Regenfälle in kleine Wasserläufe oder -ansammlungen gespült. Staniszewski (2001) ergänzt hierzu, dass die Art zusätzlich auf das Vorhandensein eines Gewässers in unmittelbarer Nähe, auf dichtes Unterholz und eine reichhaltige Schicht aus feuchtem Laub angewiesen sei. Ihm zufolge lebt die Art nur in kleinen Gebieten, die in intakten Primärwäldern oder alten Sekundärwäldern liegen. Laut Daly et al. (1996) reicht die Höhenverbreitung von *M. cowani* am weitesten. Habitate können bis über 1.600 m ü. NN liegen, laut Guibé (1978) in Ambatodradama sogar bis 2.000 m.

Andreone & Randrianirina (2003) beobachteten, dass die Frösche besonders in den frühen Morgenstunden zwischen 5:00 und 7:30 Uhr aktiv sind. Dann hören die Aktivitäten der Frösche auf, oder sie rufen aus Zwischenräumen von Steinen heraus. Biodev (1996) zufolge beginnen die Aktivitäten wieder in den Abendstunden, wenn die Temperaturen fallen. Generell scheint die Art sehr zurückgezogen zwischen Gras und Felsen zu leben, auch wenn es warm ist und die Wetterbedingungen optimal sind. Eventuell könnte dieses Verhalten zur Vermeidung direkter UV-Strahlung dienen, da die Art in offenem Gelände lebt.

Laut Untersuchungen eines Teams um Martha Andriantsiferana an der Universität Antananarivo (1996) besteht die Nahrung von *M. cowani* aus kleinen Insekten, die sich im Gras und zwischen heruntergefallenem Laub aufhalten.

Staniszewski (2001) zufolge toleriert die Art im Terrarium aufgrund der hoch gelegenen Habitate deutlich niedrigere Temperaturen als andere Mantellen. Die Tagestemperaturen sollten zwischen 18 und 21 °C liegen. Langfristig andauernde Werte darüber können gesundheitliche Schäden verursachen. Die Art bevorzugt geräumige Terrarien, in denen die Männchen ihre Territorien in der Laubschicht oder zwischen niederwüchsigen Pflanzen bilden können. Die oberste Schicht des Bodensubstrates sollte aus einer mindestens 2–3 cm hohen Schicht Ahorn- oder Eichenblättern bestehen.

Die Einrichtung sollte mindestens zweimal am Tag besprüht werden, um eine Luftfeuchtigkeit von 75–90 % zu gewährleisten. Die nächtlichen Temperaturen können auf 15 °C fallen.

Die Frösche sind recht scheu und verlassen ihre Versteckplätze fast nur zum Fressen und zur Paarung. Nach einer relativ kühlen und trockenen Periode von 4–10 Wochen laichten die Frösche bei Staniszewski regelmäßig. Gelege wurden bevorzugt in feuchte, vermooste Vertiefungen, unter Rinde, Blätter oder Steine abgesetzt. Staniszewski entdeckte häufig wässrige Gallertmasse mit nur noch 3–6 überlebenden Quappen. Die Larven entwickeln sich relativ langsam und sind wohl recht anfällig für schlechte Wasserqualität. Er empfiehlt deshalb abgekochtes Regenwasser oder destilliertes Wasser. Staniszewski zufolge sind die Quappen deutlich größer als die anderer Arten. Die Metamorphose ist nach 100 oder mehr Tagen abgeschlossen.

Staniszewski ging noch davon aus, die Lebenserwartung von *M. cowani* sei höher als die von *M. aurantiaca*, wobei er Bezug auf ein Tier nahm, das sich bereits über sieben Jahre in seiner Pflege befand – Berichte von der hohen Lebenserwartung von bis zu 20 Jahren bei *M. aurantiaca* lagen ihm nicht vor.

Mantella crocea

Verbreitung

Ambohimmanarivo, Ambohitantely, Ampangadimbolano, Ihofa nördlich von Fierenana (Glaw & Vences 2007).

Größe

Die Größe der Weibchen beträgt 23–24 mm, die der Männchen 17–24 mm (Glaw & Vences 2007).

Beschreibung

Mantella crocea ist eine kleine und schlanke Art. Kopf, Rücken und der hintere Anteil der Flanken sind gelb, orange oder hellgrün, teilweise mit kleinen, schwarzen Punkten. Bei manchen Exemplaren sind eine dünne, dunkle Mittellinie oder ein dunkles Rautenmuster zu erkennen. Der seitliche Kopfanteil und die vordere Flankenpartie sind meist schwarz. Die Färbung der Oberseite ist an den Flanken deutlich von derjenigen der Unterseite abgegrenzt. Die schwarze Zeichnung der Flanke kann bei einigen Exemplaren sehr verkleinert sein. Ein heller Zügelstreifen ist vorhanden, jedoch bei gelblichen Exemplaren meist unterbrochen. In den Kniekehlen sind leuchtend rote Schenkelflecken zu sehen. Die Iris ist im oberen Bereich hell pigmentiert. Die Bauchseite ist schwarz, mit einer unterschiedlichen Anzahl und Größe von grauen, bläulich weißen oder gelblichen Flecken, die ein ungleichmäßiges Netzmuster bilden können. Im Kehlbereich ist ein Hufeisenmuster zu erkennen, das bei einigen Exemplaren nur angedeutet erscheint. Abgesehen von der Region, in der die roten Schenkelflecken zu sehen sind, ist die Unterseite der Hinterbeine einheitlich orange oder rötlich gefärbt. Bei einigen Exemplaren ist nur der Unterschenkel orange gefärbt, Fuß und Schenkel dagegen schwarz, mit gräulichen Flecken (Glaw & Vences 2007).

Mantella crocea
Foto: A. Hartig

Änlich aussehende Arten

In GLAW & VENCES (2007) sind mehrere Farbvarianten von *M. crocea* abgebildet. In JOVANOVIC et al. (2007) werden diese Frösche als *Mantella* aff. *milotympanum* von Savakoanina und nördlich von Fieranana bezeichnet.

Diese Farbvariante sieht *M. milotympanum* zum Verwechseln ähnlich, abgesehen davon, dass die Färbung Gelb statt Orangerot ist. Das Tympanum sowie das Nasenloch sind dunkel gezeichnet. JOVANOVIC et al. (2007) schreiben allerdings, dass es sich bei *M. crocea* und *M. milotympanum* lediglich um Farbvarianten einer Art handeln könnte.

Unterseite von *Mantella crocea*
Foto: A. Hartig

Aus persönlichen Mails von GLAW und VENCES (2012) erfuhr ich, dass „beide noch als getrennte Arten zählen, auch wenn der Artstatus von *M. milotympanum* weiterhin zweifelhaft ist".

Ein grünlich gelbes Exemplar von *M. crocea* aus dem erwähnten Buch sieht mit seiner dunklen Färbung im seitlichen Kopf- sowie dem vorderen Flankenbereich und dem hellen Zügelstreifen *M. viridis* zum Verwechseln ähnlich. STANISZEWSKI (2001) erwähnt hierzu, dass bei *M. viridis* allerdings niemals rote oder orange Schenkelflecken in den Kniekehlen vorhanden sind, im Gegensatz zu *M. crocea*.

Gelegegröße

Bei vier untersuchten Gelegen von *M. crocea* wurde eine Gelegegröße von 47–75 Eiern mit einem Durchmesser von 1,38–1,60 mm festgestellt (TESSA et al. 2009). PINTAK & BÖHME (1990) erwähnen ein Gelege mit 49 hellgelben Eiern, die sich nach etwa acht Tagen entwickelten.

Aussehen der Quappen

Die Quappen aus dem zuvor erwähnten Gelege waren laut PINTAK & BÖHME (1990) mit einer Größe von 7–9 mm hellbraun und entwickelten sich langsam. Die Hinterbeine waren nach 84 Tagen bei einer Gesamtlänge von 18–21 mm und einer Körperlänge von 6–7 mm zu erkennen. Die Metamorphose war bei einer Temperatur von 21,1 °C nach 122 Tagen abgeschlossen.

Aussehen der Jungfrösche

PINTAK & BÖHME (1990) zufolge waren die etwa 5–7 mm großen Jungfrösche bronzefarben. GLAW et al. (2000) beschreiben die Jungfrösche wie folgt: Kopf, Rücken und die hinteren Flanken sind ebenso einfarbig beige wie die

Habitat von *Mantella crocea*
Foto: A. Hartig

Oberseiten der Arme und Beine. Die Kopfseite sowie die Flanken sind im vorderen Bereich schwarz. Vom Vorderbeinansatz zieht sich entlang des Oberkiefers eine feine Linie zum Auge hin. Die Iris ist im oberen Bereich hell pigmentiert. Die Unterseite ist komplett dunkelbraun gefärbt. Auf dem Bauch ist eine hellgraue Marmorierung zu sehen, eine hufeisenförmige Zeichnung gleicher Farbe auf der Kehle.

Rufe

Glaw & Vences (1994) beschreiben die Rufe von *M. crocea* als einen einzelnen Ton, der durch eine Serie von Zirpgeräuschen gebildet wird. Die Frequenz liegt zwischen 5 und 6,5 kHz. Die Männchen scheinen leicht erregbar zu sein und verhältnismäßig häufig zu rufen (Staniszewski 2001).

Schutzstatus nach IUCN

Endangered (stark gefährdet)

Hauptbedrohung und Schutzmaßnahmen nach IUCN

Neben Landwirtschaft, Holzeinschlag, Köhlerei, Viehwirtschaft und der Ausbreitung von Eukalyptus ist die Zunahme menschlicher Siedlungen der Hauptgrund für den Rückgang der Waldhabitate, die von dieser Art bewohnt werden. Auch das Übersammeln für den Tierhandel könnte eine mögliche Bedrohung darstellen.

Es wird angenommen, dass die Art im Mantadia-Nationalpark lebt. Zudem ist sie in Anhang B des Washingtoner Artenschutzabkommens gelistet (Raxworthy & Vences 2004).

Geschlechtsunterschiede

Die Weibchen sind größer und besitzen die von Staniszewski (2001) als flaschenhalsförmig bezeichnete Körperform, bei der der Kopf im Vergleich zum plumpen Körper recht klein ist. Die Männchen haben eine meist ausgeprägtere Hufeisenzeichnung im Kehlbereich als die Weibchen.

Lebensweise, Haltung und Zucht

Mantella crocea lebt in kleinen, isolierten Wäldern in sumpfigem Gelände nördlich von Andasibe und Moramanga. In dieser Region sind ebenfalls *M. aurantiaca* und *M. milotympanum* verbreitet. Die Frösche können in Höhen von 900–1.000 m ü. NN gefunden werden (Pintak & Böhme 1990; Staniszewski 2001).

Die Habitate ähneln laut Staniszewski (2001) denen von *M. aurantiaca. Mantella crocea* hält sich ebenfalls auf mit Laub bedeckten, feuchtkühlen Waldböden auf, die sich am Rand von Mooren und Sümpfen befinden.

Arne Hartig (2012) berichtete mir, im Dezember seien die Frösche den ganzen Tag über im Wald und im sumpfigen Gelände in der Laubschicht zu finden.

Mantella crocea kann laut STANISZEWSKI (2001) unter ähnlichen Haltungsbedingungen untergebracht werden wie *M. aurantiaca*. Aufgrund der geringeren Körpergröße sollten die Futtertiere allerdings ebenfalls sehr klein sein, bevorzugt werden Mikro-Heimchen, *Drosophila* und Blattläuse. Temperaturen über 21 °C sollten vermieden werden, da die Frösche bereits bei kurzfristig erhöhten Werten Schaden nehmen. Er gibt als optimale Haltungstemperaturen 16,7–21,1 °C an.

Im Terrarium sind besonders die Weibchen nur selten zu beobachten. Die Gelege, die 47–75 Eier umfassen können, werden laut PINTAK & BÖHME (1990) in die feuchte Laubschicht in der Ufernähe von Gewässern abgesetzt.

STANISZEWSKI (2001) empfiehlt, solche Stellen unbedingt auch im Terrarium zu bieten, da die Weibchen ansonsten die Eier zurückhalten. Die Quappenaufzucht sollte wie bei *M. aurantiaca* erfolgen, allerdings sollte anfänglich Teichwasser zur Aufzucht verwendet werden, da die frisch geschlüpften Quappen Schwebealgen aus dem Wasser filtern. Bei seinen Quappen waren bei einer Gesamtlänge von 18–21 mm nach 84 Tagen die Hinterbeine zu erkennen, bei 21,1 °C Wassertemperatur. Die Metamorphose war nach 122 Tagen abgeschlossen.

Die Jungfrösche sind STANISZEWSKI zufolge sehr schlechte Schwimmer und sollten möglichst rasch in kleine Becken mit feuchtem Moos gesetzt werden. Seine 5–7 mm großen Nachzuchten hatten Probleme, große Springschwänze zu fressen. Mit Milben aus befallenen Drosophila- und Grillenzuchten sowie Kleinstinsekten, die sich in der Laubstreu bildeten, konnte er dieses Problem lösen.

Häufige Schwierigkeiten bei der Haltung

STANISZEWSKI (2001) betont, *M. crocea* sei ein sehr schlechter Schwimmer. Daher sollte der Wasserstand im Wasserteil recht niedrig sein oder der Uferbereiche sehr flache Stellen mit zahlreichen Ausstiegshilfen besitzen. Pflanzenbewuchs, der in das Wasser hineinwuchert, ist ebenfalls sehr hilfreich.

Mantella crocea
Foto: A. Hartig

Mantella ebenaui

Aufgrund der Schilderungen von STANISZEWSK (2001) habe ich einen Großteil seiner Beschreibungen von *M. betsileo* für *M. ebenaui* übernommen. Leider herrscht wegen der fast identischen Färbung dieser beiden Arten weiterhin große Verwirrung, was die genaue Bestimmung von Tieren angeht, deren Herkunft unbekannt ist.

Verbreitung

Ambavala, Ankarafantsika, Ankify, Anove, Antanambaobe, Antsirasira, Benavony, Wald von Barara, Betsimpoaka, Forststation von Farakaraina, Lokobe, Manongaribo, Maroantsetra, Nosy Be, Nosy Boraha, Nosy Faly, Nosy Komba, Rantabe, Sahafary, Tsaratanana, Voloina (GLAW & VENCES 2007).

Größe

Laut EDMONDS (2006) können einzelne Exemplare bis zu 26 mm Körperlänge erreichen.

Beschreibung

Laut GLAW & VENCES (2007) sieht diese Art *M. betsileo* sehr ähnlich. Eine morphologische und genetische Differenzierung ist momentan noch nicht möglich. CROTTINI et al. (2012) schreiben zudem, dass bei DNA-Untersuchungen zwischen *M. ebenaui* und *M. viridis* nur geringe mitochondriale Unterschiede festzustellen waren.

Mir scheinen die mit *M. ebenaui* untertitelten Bilder häufig eine auffällige Blaufärbung im Bereich der Vorder- und Hinterbeine zu haben.

Änlich aussehende Arten

Mantella betsileo, siehe Ausführungen im Abschnitt „Beschreibung".

Mantella sp. aff. *viridis* „Ankarana" wird laut GLAW & VENCES (2007) mit bis zu 30 mm bei Weibchen deutlich größer als *M. ebenaui* und *M. betsileo*.

Die Beine von *Mantella* sp. aff. *expectata* „South" sind deutlich heller als bei *M. ebenaui*. Der Zügelstreifen an der Oberlippe

Mantella ebenaui (Antsahatopy)
Foto: A. Hartig

endet bei *Mantella* sp. aff. *expectata* „South“ an der Vorderkante der Augen (Glaw & Vences 2007).

Unterseite von *Mantella ebenaui* Foto: A. Altenmüller

Gelegegröße

Staniszewski (2001) gab die Größe eines Geleges mit 35 gelblichen Eiern an, die bei 25 °C die ersten Anzeichen einer Entwicklung zeigten.

Aussehen der Quappen

Staniszewski beschreibt die Quappen wie folgt: Beim Schlupf waren sie bräunlich grau. 26 Tage danach waren die recht schnell wachsenden Quappen 34 mm groß. Bereits nach 44 Tagen war die Metamorphose abgeschlossen.

Aussehen der Jungfrösche

Ähnlich wie *M. betsileo.* Die Frösche gingen nach 44 Tagen mit einer Körperlänge von 9–10 mm an Land und hatten bereits die Färbung der adulten Tiere, allerdings etwas heller.

Rufe

Nicht bekannt

Schutzstatus nach IUCN

Data Deficient (keine ausreichenden Daten)

Hauptbedrohung und Schutzmaßnahmen nach IUCN

Momentan gibt es aufgrund der Anpassungsfähigkeit der Spezies keine konkrete Bedrohung, außer einzelnen Faktoren in Bezug auf die Lebensräume. Dennoch ist die Art im Anhang B des Washingtoner Artenschutzabkommens gelistet (Andreone & Vences 2008).

Geschlechtsunterschiede

Die Männchen scheinen deutlich kleiner und schlanker zu sein als die Weibchen. Auch ist bei den Männchen meiner Gruppe die Hufeisenform im Kehlbereich deutlicher ausgeprägt als bei den Weibchen.

Lebensweise, Haltung und Zucht

Mantella ebenaui lebt in Regenwäldern und sekundären Baumanpflanzungen in den warmen Küstenregionen Nord-Madagaskars. Die Art scheint hauptsächlich tagaktiv zu sein, zumindest konnten Ruf- und Kampfaktivitäten der Männchen besonders in den Morgenstunden und nach ergiebigen Regenfällen tagsüber beobachtet werden. Als Futter werden gerne kleine Fliegen, Ameisen, Käfer und andere kleine Insekten verzehrt. Kaulquappen entwickeln sich in Teichen und langsam fließenden Wasserläufen (Glaw & Vences 2007). Wir bekamen auf Nosy Boraha von einem Hotelangestellten ein Exemplar von *M. ebenaui* gebracht, das seine Kinder gefangen hatten. Seinen Informationen zufolge leben die Frösche in der Nähe eines kleinen Bachlaufes, wo sie tagsüber in größerer Anzahl zwischen Laub und Steinen zu finden sind. Besonders in den regenreichen Monaten von November bis Februar zeigen die Männchen nach Regenfällen sowie in den Morgen- und Abendstunden erhöhte Rufaktivitäten.

Habitat von *Mantella ebenaui* bei Anove
Foto: A. Hartig

Arne Hartig (2012) teilte mir mit, dass er in verschiedenen Habitaten *M. ebenaui* in den Morgenstunden zwischen 7 und 10 Uhr oder am späten Nachmittag zwischen 16 und 18 Uhr am Ufer teils ausgetrockneter Bäche fand. Lediglich im Habitat bei Anove beobachtete er die Frösche direkt im Vegetationssaum, der vom Meer noch Spritzwasser abbekommen kann. Die Quappen können seinen Berichten zufolge dort auch in leichtem Brackwasser aufwachsen.

Edmonds (2006) schreibt, die Art sei ebenfalls in feuchten Gräben entlang von Weideland zu finden. Wegen der geringen Ansprüche an ihre Lebensräume konnte sich diese Art wahrscheinlich so weit verbreiten.

Über die Haltung dieser Art ist immer noch sehr wenig bekannt. Leider gibt es auch heute noch nicht nur für Laien große Probleme bei der Differenzierung von *M. betsileo* und *M. ebenaui*, die schon aufgrund ihrer unterschiedlichen Verbreitungsgebiete völlig unterschiedliche Ansprüche an Klima und sonstige Haltungsparameter haben.

Staniszewsk (2001) gibt eine Haltungsbeschreibung für *M. betsileo* an, die man wohl *M. ebenaui* zuschreiben muss. Ihm zufolge sollte das Terrarium mindestens 80 x 40 x 40 cm (Länge x Tiefe x Höhe) messen, um dem Bewegungsdrang der Art Rechnung zu tragen. Als Haltungstemperaturen empfiehlt er 20–25,6 °C, wobei auch höhere Temperaturen toleriert werden (was dafür spricht, dass *M. ebenaui* gemeint ist). Für Herbst und Winter empfiehlt er eine etwas trockenere Haltung, in Frühjahr und Sommer sollte die Luftfeuchtigkeit mindestens 75 % betragen.

Vier Wochen nach dem Erhöhen der Luftfeuchtigkeit fand er in der wassergefüllten Achsel einer *Dracaena* ein Gelege mit 35 gelblichen Eiern. Drei Tage nach der Eiablage schlüpften bei 25 °C die erste Quappen. Er zog sie in einer Mischung aus 50 % abgekochtem Regenwasser und 50 % Leitungswasser auf. Als Futter wurden nur Algen und Koi-Pellets genommen. Bereits nach 44 Tagen metamorphosierten die 9–10 mm großen Jungfrösche, die bereits wie die Elterntiere gefärbt waren.

Eine Gruppe, von der ich denke, dass es sich um *M. ebenaui* handelt und nicht um *M. betsileo*, halte ich bereits seit 2009 in einem einfach eingerichteten Terrarium. Der Bodengrund, der aus Weißtorf besteht, ist intensiv bemoost und mit kleinwüchsigen Farnen übersät. Er bietet reichlich Deckung und Schutz. Die Frösche sind selten zu sehen, zeigen sich aber regelmäßig, sobald die Temperaturen im Bodenbereich über 24 °C steigen und die Luftfeuchtigkeit gleichzeitig über 80 % liegt. Die Männchen beginnen zu rufen, sobald die Temperaturen mindestens 14 Tage über 25 °C liegen und das Terrarium täglich mehrfach kurz beregnet wird. Die Nachzucht ist mir bisher leider noch nicht gelungen.

Mantella ebenaui
Foto: H.-P. Berghof

Mantella expectata

Verbreitung

Isalo (Glaw & Vences 2007)

Größe

Laut Vences & Glaw (2007) wird *M. expectata* ca. 20–26 mm groß. Staniszewski (2001) gibt die Größe der Männchen mit 23–27 mm an, die von Weibchen mit 27–30 mm. Eines meiner Weibchen hat eine Körperlänge von 30 mm, die Männchen bleiben unter 27 mm.

Beschreibung

Der Rücken ist gelb, teilweise grünlich gelb, wobei die Rückenfärbung sich V-förmig zur Kloakenregion verjüngt. Die Flanken sind gräulich schwarz, Vorder- und Hinterbeine grau, meist aber leuchtend blau gefärbt. An der Oberlippe ist ein bläulich weißer Zügelstreifen zu sehen, der allerdings erst unter dem Auge beginnt und bis zum Ansatz der Vorderbeine reicht. Die Bauchseite ist schwarz, mit bläulichen Tupfen, die ebenfalls auf den Beinunterseiten zu finden sind. Die Iris ist im oberen Bereich hell pigmentiert (Glaw & Vences 2007).

Bei einigen Tieren, die wir 2009 im Isalo-Gebiet fanden, ging die gelbe Rückenfärbung zur Kloakenregion hin in ein Orangerot über. Dies könnte unter Umständen eine Art Balzfärbung sein. Zumindest zeigten zwei meiner Männchen diese Färbung ansatzweise, als ich des Öfteren Rufe aus dem Terrarium hörte. Allerdings kann ich nicht mit Bestimmtheit sagen, ob die beiden Tiere auch zu diesem Zeitpunkt paarungsbereit waren. Der Körper wirkt recht gedrungen, die Beine sind sehr kompakt und kräftig. Dies fällt speziell bei den Zehen der Vorderbeine auf. Das Auge ist bei *M. expectata* sehr groß, rund und verleiht dieser Art dadurch ein für Mantellen untypisches Erscheinungsbild.

In der Ruhephase sind die Frösche meiner Zuchtgruppe bräunlich gefärbt, recht selten zu sehen und halten sich fast ständig in feuchteren Verstecken auf.

Mantella expectata
Foto: A. Altenmüller

Busse & Böhme (1992) und Linbo (1997) beschrieben laut Staniszewski (2001), dass je nach Stimmung der Tiere die Färbung der Beine variieren kann. So haben traumatisierte oder ruhende *M. expectata* dunklere Beine als aktive und gesunde Tiere.

Glaw & Vences (2007) beschreiben Frösche als *Mantella* sp. aff. *expectata* „South", die in Androatsabo und Tsingy de Bemaraha ihre Verbreitungsgebiete haben. Die 22–27,5 mm großen Frösche besitzen einen orange oder hellbraun gefärbten Rücken mit oder ohne Rautenmuster. Die schwarze Flankenfärbung ist scharf von derjenigen der Oberseite getrennt. Ein heller Zügelstreifen reicht vom Ansatz der Vorderbeine bis unter die Vorderkante der Augen. Bei den kleineren Männchen ist dieser Streifen weniger ausgeprägt und deutlich dünner als bei den größeren Weibchen. Die Vorderbeine sind hellblau. Die gräulich blauen Hinterbeine zeigen normalerweise dunkle Querstreifen. Die Bauchseite ist schwarz, mit größeren blauen Punkten bei den Weibchen und kleineren bei den Männchen. Bei beiden Geschlechtern ist eine Hufeisenzeichnung zu erkennen.

Änlich aussehende Arten

Mantella expectata gehört wie *Mantella viridis* zu den Arten, die sich in der Ruhephase bräunlich verfärben können. Daher ist in der Ruhephase eine Verwechslung der beiden Arten leicht möglich.

Ein mögliches Unterscheidungsmerkmal von der gleich gefärbten *Mantella* sp. aff. *expectata* „South" ist der unterbrochene Zügelstreifen, der kurz vor dem Auge endet (Glaw & Vences 2007).

Mantella ebenaui: siehe *M. betsileo.*

Gelegegröße

Tessa et al. (2009) stellten bei fünf untersuchten Gelegen von *M. expectata* eine Anzahl von 42–86 Eiern fest. Der Durchmesser der Eier betrug 1,68–2,03 mm.

Unterseite von *Mantella expectata*
Foto: A. Altenmüller

Die Gelege meiner Zuchtgruppe umfassten 39–67 Eier, wobei solche Eier mitgezählt sind, die die Weibchen teilweise vor dem Absetzen des eigentlichen Geleges anscheinend „verloren" hatten. Dies waren meist zwischen fünf und neun Eier (zwei von acht Gelegen). Gelege, die wir im Isalo-Gebiet gefunden hatten, maßen etwa 2 x 3 cm, solche im Terrarium teils lediglich 2 x 1,5 cm. Die Gallertmasse ist meist gelblich klar. Die Gallerthülle der einzelnen Eier scheint in ihrer Konsistenz im Vergleich zu anderen *Mantella*-Gelegen fest zu sein, zumindest „verschmelzen" die einzelnen Eier nicht so schnell wie die anderer Arten. Bereits 24 Stunden nach der Eiablage zeigen die Eier erste Anzeichen einer Entwicklung.

Staniszewski (2009) erwähnt eine braune Oberseite der Eier, was ich von den Gelegen meiner Tiere nicht bestätigen kann.

Aussehen der Quappen

Nach meinen Erfahrungen sind die Quappen anfänglich weiß gefärbt, nehmen aber recht schnell eine gräuliche Färbung an. Drei Tage nach der Eiablage sind die ersten Quappen geschlüpft und schwimmen bereits am siebten Tag nach der Ablage frei. Sie sind dann bereits braun gefärbt. Mit der Zeit werden die

Männchen von *Mantella expectata* mit roter Rückenfärbung
Foto: A. Altenmüller

Larven immer dunkler und wachsen recht schnell. Bereits nach etwa 28 Tagen können sie eine Gesamtlänge von bis zu 33 mm erreicht haben, wobei dann schon die Beine gut zu erkennen sind. Die Quappen sind nun schwarz gefärbt und haben einige wenige helle Pigmentierungen an den Flanken und am Rücken, die wie Goldstaub wirken. Der Schwanz wird vom Ansatz her schnell heller. Die Metamorphose kann bereits nach 48 Tagen abgeschlossen sein, dauert in der Regel aber 62–78 Tage.

Aussehen der Jungfrösche

Jungfrösche, die bei mir an Land gingen, waren mit etwa 15 mm Körperlänge verhältnismäßig groß. Der Rücken ist einheitlich braun gefärbt, die Flanken sind schwarz, mit hellen Einschlüssen. Die Vorder- und Hinterbeine sind hell, fast beige gefärbt. Der Zügelstreifen oberhalb der Oberlippe ist bereits vorhanden, allerdings cremefarben und noch nicht blau. Die Musterung an der Bauchseite entwickelt sich in den ersten 4–6 Wochen nach der Metamorphose. Die Finger der Vorderbeine scheinen durch die Haftscheiben vergrößert zu sein, was sich mit dem Wachstum aber wieder verliert. Die Rückenfärbung geht im Lauf der Entwicklung von einem Braunton über ein Beige in den für *M. expectata* typischen gelben Ton über. Nach 16–20 Wochen ist die Umfärbung abgeschlossen, und die Jungfrösche haben bereits fast die Körperlänge der adulten Tiere erreicht.

Interessant war für mich zu beobachten, dass bei den Jungfröschen durch das Beregnen des Terrariums eine Art Kletterreflex ausgelöst wird, der jedoch auch bei den Adulten immer wieder vorkommt. Die Frösche verlassen fast panisch ihre Verstecke und klettern sehr geschickt an der Terrarienwand empor. Dieses Verhalten konnte ich sonst nur bei Jungtieren von *M. viridis* beobachten.

Rufe

Die Rufe meiner Männchen bestehen aus Serien einzelner Klicklaute, die teilweise für Mantellen verhältnismäßig ausdauernd und lange aus den Versteckplätzen zu hören sind.

Schutzstatus nach IUCN

Critically endangered (vom Aussterben bedroht)

Hauptbedrohung und Schutzmaßnahmen nach IUCN

Die Hauptbedrohung besteht im Verlust der Habitate durch Viehwirtschaft, Feuer und in manchen Regionen dem Abbau von Saphiren. Zu starkes Absammeln für den Tierhandel könnte ebenfalls eine Bedrohung für die Art darstellen.

Die Population im Isalo-Nationalpark sollte streng geschützt werden. Ebenfalls sollte der Handel mit den Tieren vorsichtig reguliert werden. Die Art ist im Anhang B des Washingtoner Artenschutzabkommens gelistet (ANDREONE et al. 2004).

Gelege von *Mantella expectata* etwa vier Tage nach der Ablage
Foto: A. Altenmüller

Geschlechtsunterschiede

Die Männchen meiner Zuchtgruppe sind gewöhnlich deutlich kleiner und schmaler als die Weibchen. Samendepots an der Unterseite der Oberschenkel sind bei den Männchen nicht zu erkennen, die Ovarien bei den Weibchen durch die Bauchdecke ebenfalls nicht. Die Männchen besitzen eine Schallblase im Kehlbereich, die beim Rufen deutlich hervortritt. Die Männchen rufen aus ihren Versteckplätzen heraus. In der Paarungszeit kann die Färbung der hinteren Partie des Rückens bei den Männchen in Oangerot übergehen.

STANISZEWSKI (2001) schreibt, Männchen zeigten besonders auf dem Rücken und an den Hinterbeinen leuchtendere Farben als Weibchen, was ich von meinen Tieren allerdings nicht bestätigen kann.

Lebensweise, Haltung und Zucht

Mantella expectata ist, was den Lebensraum angeht, für mich persönlich die faszinierendste Art unter den Mantellen. Hellmut Kurrer, meine Frau und ich reisten im Dezember 2009 / Januar 2010 in den Isalo-Nationalpark, um die Lebensweise und den Lebensraum von *M. expectata* kennenzulernen. Die Tiere leben hier im trockenen Sandsteingebirge des Isalo, wo wir sie in Grasbüscheln neben Wasserpfützen fanden, die sich im ausgewaschenen Fels gebildet haben. Die Wasseransammlungen werden durch die immer wiederkehrenden Regenfälle regelmäßig aufgefüllt, sodass sie an manchen Stellen niemals komplett austrocknen. Da das Wasser nirgends versickern kann, läuft es über den Fels

Quappe von *Mantella expectata* etwa vier Wochen nach dem Schlupf
Foto: A. Altenmüller

Quappe von *Mantella expectata* kurz vor der Metamorphose
Foto: A. Altenmüller

ben. Ich vermute, dass die Frösche auch in ihren Habitaten überwiegend in der Dämmerung aktiv sind und tagsüber nur während oder kurz nach den meist ergiebigen Regengüssen aus ihren Verstecken kommen. Die heißen Sonnenstunden am Tag verbringen sie in den Grasbüscheln, aus denen heraus man häufig die relativ leisen Rufe der Männchen hört. Wir suchten teilweise minutenlang einen quakenden Frosch in einem Grasbüschel mit einem Durchmesser von nur 10–20 cm. Erst das Bespritzen mit Wasser aus den Gumpen sorgte dafür, dass die Frösche fast panisch aus der Vegetation heraussprangen.

und sammelt sich in Vertiefungen zu Sturzbächen, die den Fels sichtbar ausgewaschen ha-

Sämtliche Gelege, die wir fanden, waren an der senkrechten Wand des Felsen angeheftet und von Grashalmen bedeckt. Bereits am nächsten Tag zeigten die Gelege eine deutlich erkennbare Entwicklung und schienen bereits nach drei Tagen die vollständige Entwicklung zu lebensfähigen Kaulquappen abgeschlossen zu haben. Die Gelege, die etwa 35–86 Eier umfassen, liegen teils 50 cm

Landgänger von *Mantella expectata*
Foto: A. Altenmüller

oder mehr über der Wasseroberfläche und werden wohl von nächtlichen Regengüssen weggespült.

Wir entdeckten einige Quappen in kleinen, flachen Wasseransammlungen, die durch die Sonne stark erhitzt waren. Außer Braunalgen war darin nichts für Quappen Fressbares zu finden.

Im Terrarium leben die Frösche ebenfalls sehr versteckt. Ich hatte meine Gruppe jahrelang in einem Becken für Pfeilgiftfrösche untergebracht, das wie bei meinen anderen *Mantella*-Arten eingerichtet war, also mit Torf als Bodengrund und Xaxim als Verkleidung für die Seiten- und Rückwände. Ich bekam die Frösche jedoch leider nur bei intensiver Beregnung und der anschließenden Fütterung zu Gesicht, da sie sich mit Vorliebe hinter dem Xaxim versteckten. 2012 kam ich endlich dazu, ein Terrarium einzurichten, in dem ich versuchte, die Felslandschaft des Isalo nachzuempfinden. Als Verstecke dienen Xaximstücke, die an die Wände gelehnt wurden, sowie kleinwüchsige Farne, die als Ersatz für die Grasbüschel des natürlichen Biotops herhalten sollen. Die Tiere zeigen in ihrem neuen Domizil deutlich mehr Aktivitäten und lassen sich besser beobachten.

Zusätzlich installierte ich ein Vorschaltegerät, das jeweils eine 30-minütige Dämmerung in den Morgen- und Abendstunden simuliert. Die Frösche sind zu diesen Tageszeiten sehr aktiv, zeigen sich aber auch gerne nach dem Beregnen, wobei sie dann versuchen, die nachgebaute Felswand emporzuklettern. Ich nehme an, dass dieses Verhalten eine Art Schutzmechanismus ist, um bei starken Regenfällen durch die wahrscheinlich schnell ansteigenden Wasserstände nicht zu ertrinken. Bei Jungfröschen ist dieses Verhalten besonders ausgeprägt. Es wurde von mir sonst nur bei Jungfröschen von *M. viridis* beobachtet.

Um die Paarungsbereitschaft zu erhöhen, genügt es nach meinen Erfahrungen, das Terrarium täglich zu beregnen. Auch wenn wir im Habitat

Habitat von *Mantella expectata* im Isalo-Nationalpark
Foto: A. Altenmüller

von *M. expectata* gerade in den Mittagsstunden für unser Empfinden sehr hohe Temperaturen erlebten, die in der baumlosen Landschaft deutlich über 35 °C gelegen haben dürften, lässt sich in Menschenhand die Paarungsbereitschaft auch bei 20–24 °C erhöhen. Im Juni 2012 fand ich allerdings zwei frisch abgesetzte Gelege, als die Außentemperaturen binnen zwei Tagen von 24 auf 34 °C anstiegen und die Temperatur im Terrarium in Bodennähe bei 26 °C lagen.

Die Männchen rufen hauptsächlich am Tag sowie in der Morgen- und Abenddämmerung aus den Versteckplätzen heraus, die in der Natur aus den beschriebenen Grasbüscheln bestehen, in meinem Terrarium dagegen aus Stellen unter Xaximstücken oder hinter Farnen an den Seiten- oder Rückwänden. Die Gelege sind 2–4 Wochen nach dem Beginn der gesteigerten Rufaktivitäten in diesen Verstecken zu finden. Allerdings werden sie auch an geeigneten Stellen wie bereits beschrieben abgesetzt, die zuvor nicht als Versteck eines der paarungsbereiten Männchen gedient haben.

Terrarium für *Mantella expectata*
Foto: A. Altenmüller

Die Entwicklung der Gelege dauert im Terrarium etwas länger als in der Natur, was an den deutlich geringeren Temperaturen liegen dürfte. Etwa drei Tage nach der Eiablage entnehme ich die Gelege aus dem Terrarium und bringe sie wie üblich in einem kleinen Behälter mit etwa 3–5 mm Wasserstand unter. Dies ist der Zeitpunkt, zu dem die ersten Quappen schlüpfen. Bereits eine Wochen nach der Eiablage sind diese Quappen braun gefärbt und schwimmen frei.

Sobald die Larven deutlich an Größe zugenommen haben, werden sie in ein großes Quappenbecken mit etwa 30 x 30 cm Grundfläche und 4–5 cm Wasserstand sowie einzelnen Seemandelbaumblättern als Versteckmöglichkeit überführt. Als Futter verwende ich auch bei Quappen von *M. expectata Spirulina*-Futtertabletten. Das Wasser wird bei mir täglich teilweise gewechselt, wobei Kot und Futterreste mit einem dünnen Schlauch abgesaugt werden und der Wasserstand mit Teichwasser aufgefüllt wird. Bei ca. 20–22 °C Wassertemperatur gehen die ersten Jungen bereits etwa 48 Tage nach dem Schlupf mit einer Körperlänge von 15 mm an Land, wobei die Metamorphose meist erst deutlich später abgeschlossen ist.

Jungfrosch von *Mantella expectata* in der Umfärbung
Foto: A. Altenmüller

Staniszewski (2001) erwähnt eine Metamorphose bereits nach 34 Tagen bei 22,2–24,4 °C, wobei die Landgänger allerdings nur eine Körperlänge von 9 mm hatten.

Die Landgänger werden bei mir in ein kleines, gut eingefahrenes und bepflanztes Terrarium überführt. Sie können neben Springschwänzen bereits kleine *Drosophila*-Sorten überwältigen. Die Jungfrösche wachsen recht schnell und sind wie bereits beschrieben 16–20 Wochen nach der Metamorphose komplett umgefärbt. Die Geschlechtsreife scheint bei meinen Nachzuchten nach etwa 18 Monaten erreicht worden zu sein.

Mantella expectata
Foto: A. Altenmüller

Häufige Schwierigkeiten bei der Haltung

Wie schon beschrieben scheint diese Art bevorzugt an senkrechten Wänden abzulaichen, die mit Vegetation oder Ähnlichem bedeckt sind. Im Terrarium kann dies unter Umständen an der Terrarienwand hinter der Xaximverkleidung erfolgen. In diesem Fall findet man die Gelege nur durch Zufall und unter großem Aufwand, indem man das Xaxim von der Wand entfernt.

Man sollte daher entweder für die Gestaltung des Terrariums eine andere Wandverkleidung wählen oder darauf achten, dass das Xaxim ohne Zwischenräume eingeklebt wird. Generell ist allerdings zu beobachten, dass die Vertreter dieser Art sich gerne in kleine Zwischenräume zwängen.

Bei diesen Fröschen ist es besonders wichtig, dass die Haltungsbedingungen ideal sind. Nachdem ich in etwa vier Jahren, die ich sie in einem Regenwaldterrarium hielt, nur ein Gelege erzielte, setzte meine Gruppe nach dem Umgestalten des Terrariums wie oben beschrieben im Jahre 2012 sieben Gelege ab.

Mantella expectata
Foto: A. Altenmüller

Mantella haraldmeieri

Verbreitung

Ambana, Andohahela, Bekazaha, Chaines Anosyennes, Manatantely, Nahamapoana, Soavala (Glaw & Vences 2007)

Größe

Laut Glaw & Vences (2007) haben die Frösche eine Körperlänge von 21–27 mm.

Beschreibung

Der Rücken ist hellbraun, mit dunkelbraunen, triangel-, Y- oder herzförmigen Mustern und zwei Flecken in der Kloakenregion. Die Flanken sind dunkelbraun, mit einer deutlichen Grenze zur Färbung der Oberseite. Die Hinterbeine sind gelblich braun, mit angedeuteten Querstreifen. Die Vorderbeine sind cremefarben bis beige. In den Kniekehlen sind keine Schenkelflecken zu sehen, der hintere Teil des Oberschenkels und der Knie ist hellorange. Der obere Bereich der Iris ist hell pigmentiert. Die Bauchseite ist schwarz, mit vielen kleinen, runden, hellblauen Punkten. Im Kehlbereich ist keine durchgehende Hufeisenzeichnung zu sehen. Die Unterseite der Unterschenkel ist orangerot (Glaw & Vences 2007).

Staniszewski (2001) ergänzt, dass am Ansatz der Vorderbeine die cremefarbene Zeichnung einen kleinen Fleck an der Flanke bildet, außerdem ist ein kleiner Fleck in derselben Farbgebung am Ansatz der Hinterbeine zu erkennen.

Ähnlich aussehende Arten

Mantella pulchra hat ebenfalls eine hellbraune Kopfpartie, wobei sich die Farbe zur Klo-

Mantella haraldmeieri
Foto: F. Glaw

akenregion hin deutlich verdunkelt, während der Rücken von *M. haraldmeieri* einheitlich hellbraun gefärbt ist. Bei *M. pulchra* fehlen die dunkelbraunen Muster auf dem Rücken. Die Flankenflecken sind bei *M. pulchra* deutlich ausgebildet, eine deutliche Grenze zwischen der Färbung der Oberseite und derjenigen der Flanken fehlt.

Die Körperfärbung von *M. bernhardi* ist deutlich dunkler, wobei der Rücken und die Flanken ohne Farbgrenze einheitlich getönt sind. Die Oberseite des Oberschenkels ist leuchtend gelb gefärbt, während die Beine bei *M. haraldmeieri* einheitlich braun sind.

Gelegegröße

Laut Glaw & Vences (1994) können die Gelege bis zu 50 Eier mit einem Durchmesser von 2,2 mm umfassen und sind gelblich gefärbt.

Aussehen der Quappen

Laut Staniszewski (2001) hatte das Shedd Aquarium in Chicago, Illinois, 1997 Nachzuchten von *M. haraldmeieri*. Die Gelege entwickelten sich bei 23,9 °C sehr schnell, und die Quappen schlüpften bereits nach vier Tagen. Das Aussehen der Larven wurde leider nicht beschrieben.

Aussehen der Jungfrösche

Die Frösche des Shedd Aquarium in Chicago hatten nach 45–56 Tagen die Metamorphose abgeschlossen. Die 10 mm großen Jungtiere hatten beige Vorderbeine, mit kleinen, hellen Punkten an den Vorderbeinansätzen, die aber anders gefärbt waren als bei den adulten Tieren (Staniszewski 2001).

Rufe

Glaw & Vences (1994) beschreiben die Rufe der Männchen als eine Serie kurzer, einzelner Klicklaute. Die Frequenz liegt zwischen 5 und 6 kHz, mit Intervallen von 400–600 ms zwischen den einzelnen Tönen (Staniszewski (2001).

Unterseite von *Mantella haraldmeieri*
Foto: A. Hartig

Schutzstatus nach IUCN

Vulnerable (gefährdet)

Hauptbedrohung und Schutzmaßnahmen nach IUCN

Die Hauptgründe für den Rückgang der Wälder, in denen die Art lebt, sind Landwirtschaft, Holzeinschlag, Köhlerei, die Ausbreitung von Eukalyptus und die Besiedlung durch den Menschen. Es wurden nur wenige Tiere für den Handel gesammelt.

Die Art lebt im Andohahela-Nationalpark. Zudem ist sie im Anhang B des Washingtoner Artenschutzabkommens gelistet (Nussbaum & Raxworthy 2004).

Geschlechtsunterschiede

Männchen und Weibchen unterscheiden sich kaum in Aussehen, Körperform oder -größe

Habitat von *Mantella haraldmeieri* nahe Andohahela
Foto: A. Hartig

Mantella haraldmeieri
Foto: A. Hartig

voneinander. Allerdings schreibt STANISZEWSKI (2001), die angedeutete, unterbrochene Hufeisenzeichnung im Kehlbereich sei bei den Männchen in der Ausbreitung größer und bei den Weibchen farblich nicht so deutlich ausgeprägt.

Lebensweise, Haltung und Zucht

Mantella haraldmeieri bevorzugt dichte, feuchte Primärregenwälder in Höhen von 300–400 m ü. NN (VENCES & GLAW 1994). Dort findet man die Tiere im Uferbereich von Bächen und schnell strömenden Flüssen in der Laubschicht oder zwischen Steinen und Felsen (ANDREONE 1991).

Mantella haraldmeieri im Habitat bei Nahampoana
Foto: F. Glaw

Arne Hartig (pers. Mittlg. 2012) berichtete mir, dass er morgens gegen 5 Uhr Exemplare von *M. haraldmeieri* zwischen großen Felsblöcken am bewachsenen Ufer eines Gebirgsbachs mitten im Wald fand.

Außer der Schilderung von Staniszewski (2001) ist über die Haltung dieser Art leider sehr wenig bekannt. Sie ist sehr selten in der Terraristik anzutreffen. Staniszewski empfiehlt ein dicht bepflanztes Terrarium mit zahlreichen Versteckmöglichkeiten und Laub im Bodenbereich. Außerdem sollte eine Art Wasserlauf im Terrarium vorhanden sein, der die benötigte Luftfeuchtigkeit hoch hält. Die Haltungstemperaturen werden mit 24,4 °C angegeben.

Die Fütterung scheint problematisch zu sein, da nicht alle herkömmlichen Futtertiere genommen wurden, sondern teilweise nur Ameisen und Termiten als Hauptnahrung dienten. Ist die Art einmal an die Haltung im Terrarium gewöhnt, beginnen die Männchen besonders nach simulierten Regenfällen von abgelegenen Plätzen aus zu rufen. Es werden regelmäßig Gelege in die Laubschicht oder in bemooste Vertiefungen abgesetzt. Meist ist der Laich jedoch unbefruchtet. Die Aufzucht der Quappen gestaltet sich schwierig, obwohl die Metamorphose nach 45–56 Tagen bei 24 °C Wassertemperatur relativ schnell verläuft. Die vom Shedd Aquarium gezüchteten Jungfrösche konnten bereits kurz nach der Metamorphose kleine Fruchtfliegen überwältigen, doch war auch bei den Nachzuchten die Sterblichkeitsrate noch recht hoch. Eine hohe Luftfeuchtigkeit scheint die Aufzuchtprobleme deutlich zu mindern.

Während Staniszewski die Art als scheu beschreibt, schildert Edmonds (2006) die Exemplare, die er im Terrarium beobachten konnte, als sehr zutraulich und wenig schreckhaft.

Mantella laevigata

Verbreitung

Ambavala, Ambodimanga (Mananara), Folohy, Marojejy, Nosy Mangabe, Tsaranao (GLAW & VENCES 2007).

Größe

Männchen erreichen eine Körperlänge von 22–27 mm, Weibchen werden 24–30 mm lang (STANISZEWSKI 2001).

Beschreibung

Die Flanken, der hintere Rückenbereich und die Gliedmaßen sind schwarz. Die Färbung der Oberseite ist von der Schnauze bis teilweise zum Hinterbeinansatz gelbgrün oder grün. Die Rückenfärbung endet oft spitz zur Kloakenregion zulaufend. Die Bauchseite ist schwarz, mit bläulich weißen Flecken, die meist über die Vorder- und Hinterbeine bis zu den Zehen auftreten. Die Kehlregion ist schwarz, die Oberseite der Zehen meist hellblau.

Beide Geschlechter sind sehr schlank gebaut. Aufgrund der kletternden Lebensweise sind die Finger- und Zehenspitzen mit Haftscheiben vergrößert. Die Iris ist schwarz. Die für Mantellen sonst typischen Schenkelflecken in den Kniebeugen fehlen (GLAW & VENCES 2007).

Bei einigen meiner Tiere sind die Oberseiten der Oberschenkel und Oberarme teilweise bräunlich gefärbt, was sich bei einigen Jungtieren zu verstärken scheint. Der Rücken eines meiner Individuen ist türkis bis bläulich grün gefärbt. Auffällig ist, dass viele Exemplare meiner Gruppe bläuliche Punkte am Ansatz der Vorderbeine besitzen. Selten können ebenfalls solche Punkte an der Oberkante des Maules vorhanden sein, als sollte, bezogen auf die Zeichnung vieler anderer *Mantella*-Arten, ein Flankenfleck oder ein Zügelstreifen angedeutet sein.

Mantella laevigata
Foto: A. Altenmüller

Ähnlich aussehende Arten

Nach Fotos zu schließen, besitzt *M. manery* im Gegensatz zu *M. laevigata* einen deutlich erkennbaren Zügelstreifen. Die Hinterbeine zeigen gut sichtbare, dunkelbraune Querstreifen. Die Finger besitzen kaum vergrößerte Haftscheiben, und die grüne Rückenfärbung scheint auf Höhe der Sakralwirbel wie abgeschnitten und endet hier abrupt. Laut Glaw & Vences (2007) besitzt *M. manery* eine Hufeisenzeichnung an der Kehle, die bei *M. laevigata* fehlt.

Gelegegröße

Meine Zuchtgruppen setzen pro Paarungsakt meist 1–4 Eier ab, die einzeln oder nahe beieinander oberhalb der Wasseroberfläche an die Wand der Laichhöhle geheftet werden. Pro Laichhöhle – bei meinen Terrarien handelt es sich dabei um mit Wasser gefüllte Kokosnüsse – konnte ich gleichzeitig bis zu 13 Eier in unterschiedlichen Entwicklungsstadien einzeln an der Wand und im Wasser zählen. Die Eier sind weiß und zeigen bereits 48–56 Stunden nach der Ablage deutliche Anzeichen einer Entwicklung. Die im Wasser abgesetzten Eier entwickeln sich ebenso wie die an die Wand gehefteten Eier.

Tessa et al. (2009) geben eine Gelegegröße von 30–56 Eiern an, wobei ich annehme, dass die Eizahl gemeint ist, die ein Pärchen über mehrere Wochen ablaicht. Der Eidurchmesser beträgt 1,56–2,00 mm.

Aussehen der Quappen

Selbst gezüchtete Quappen sind nach dem Schlupf weiß, verfärben sich jedoch nach 2–4 Tagen gräulich. Der Schwanz ist recht kurz, aber hoch, der Körper rund und kräftig – beides ändert sich über die gesamte Entwicklungsdauer nicht. Die Augen sitzen anfänglich oben auf dem Kopf und scheinen nach oben zu schauen. Erst mit dem weiteren Wachstum verfärben sich die Quappen schwarz, und die Augen wandern wie bei Quappen der anderen Arten auf die Seite und blicken auch in diese Richtung.

Unterseite von *Mantella laevigata* Foto: A. Altenmüller

Die Entwicklungsdauer kann sehr stark variieren. Während einige Quappen bereits nach 27 Tagen die Metamorphose erreichen, kann es bei anderen im Extremfall bis zu 162 Tage dauern. Meist wird 3–14 Tage vor der Metamorphose die grüne Rückenzeichnung erkennbar. Teilweise kommen die kleinen Landgänger allerdings auch als komplett schwarze Jungfrösche ans Ufer.

Aussehen der Jungfrösche

Glaw et al. (2000) beschreiben die Jugendfärbung der Variante mit gelber Rückenfärbung wie folgt: Die Rückenfärbung ändert sich nach dem Durchbruch der Vorder-

Ei von *Mantella laevigata* zwei Tage nach der Ablage Foto: A. Altenmüller

Quappe von *Mantella laevigata* etwa fünf Tage nach dem Schlupf
Foto: A. Altenmüller

beine in wenigen Tagen von Schwarz nach Zitronengelb, wobei die gelbe Färbung unterschiedlich weit nach hinten reichen und sich bei einigen Tieren zu einer dünnen Linie verjüngen kann. Die Augen, Flanken sowie die Oberseiten der Beine und Arme sind schwarz und können einzelne blaue Punkte aufweisen. Die Oberseiten der Hände und Füße sind bei älteren Jungtieren mit einem deutlichen Blauanteil versehen. Die Unterseite ist schwarz, wobei der Bauch mit rundlichen, blauen Punkten versehen ist, die auf der gra-

Quappe von *Mantella laevigata* kurz vor der Metamorphose
Foto: A. Altenmüller

nulierten Oberschenkelunterseite weniger gut zu erkennen sind. Die Kehle ist schwarz. Die charakteristisch verbreiterten Fingerscheiben sind bereits nach dem Durchbruch der Vorderbeine gut erkennbar.

Landgänger von *Mantella laevigata* Foto: A. Altenmüller

Von mir selbst nachgezogene Jungfrösche der grünen Variante haben bei der Metamorphose eine Körperlänge von 9–12 mm. Die typische grüne Rückenfärbung ist bereits angedeutet. Sie wird in den letzten Tagen vor der Metamorphose erkennbar, prägt sich in den ersten Wochen danach aber erst voll aus. Während der Rücken bei meinen adulten Tieren meist schmutzig grün wirkt, ist er bei Jungfröschen leuchtend metallisch grün. Die Färbung kann wie bei der gelben Variante unterschiedlich weit nach hinten reichen, wobei sie sich mit dem Wachstum weiter nach hinten ausbreitet und sich zur Kloake hin verjüngt. Selten gehen die Jungfrösche komplett schwarz gefärbt an Land. Spätestens sechs Wochen nach der Metamorphose hat sich die Grünfärbung dann jedoch ausgebildet.

Die Oberseite der Vorder- und Hinterbeine ist meist schwarz, kann aber auch an den Oberarmen und Oberschenkeln bräunlich gefärbt sein. Die bläulichen Flecken auf der Bauchseite sowie zwischen den Zehen und an den Beinen sind bei der Metamorphose als kleine, bläuliche Pigmentbereiche angedeutet und bilden sich im Lauf des Wachstums

Rufendes Männchen von *M. laevigata* auf einer mit Wasser gefüllten Laichhöhle Foto: A. Altenmüller

nach und nach aus. Die Augen zeigen wie bei der gelben Variante keine helle Pigmentierung. Die Kehle ist ebenfalls schwarz, und die verbreiterten Haftscheiben sind schon beim Durchbruch der Vorderbeine vorhanden.

Rufe

Die Rufe der Männchen bestehen aus Serien von Doppelklicklauten, die in einem Frequenzbereich von 4–5 kHz liegen (Glaw & Vences 1994, 1999, zit. nach Staniszewski 2001). Die Männchen meiner Gruppe geben während des Paarungsaktes Laute von sich, die sich deutlich von den Anzeigerufen unterscheiden.

Schutzstatus nach IUCN

Near Threatened (gering gefährdet, Vorwarnliste)

Hauptbedrohung und Schutzmaßnahmen nach IUCN

Neben dem Holzeinschlag, dem Grasen von Weidevieh, dem Anbau von Lebensmitteln und der Köhlerei sind die Ausbreitung von Eukalyptus und die Besiedlung der Habitate durch Menschen die Hauptursachen für den Rückgang der Wälder, in denen die Frösche leben.

Die Art bewohnt mehrere geschützte Gebiete, wird in verschiedenen Einrichtungen erfolgreich gezüchtet und steht auf Anhang B des Washingtoner Artenschutzabkommens (Andreone & Glaw 2004).

Geschlechtsunterschiede

Die Geschlechter unterscheiden sich in der Körperform kaum. Weibchen sind allerdings etwas größer. Männchen sind beim Rufen an ihrer Schallblase zu erkennen (Staniszewski 2001).

Habitat von *Mantella laevigata* im Marojejy-Nationalpark
Foto: A. Altenmüller

Lebensweise, Haltung und Zucht

Das Verbreitungsgebiet von *M. laevigata* erstreckt sich über isolierte Regionen entlang der Nordostküste, u. a. auch über Inseln wie Nosy Mangabe. Dort leben die Frösche in Wäldern der Küstenregion, aber auch in gestörten Wäldern und Bambuswäldchen. Teilweise können sie auch in Wäldern in Höhenlagen bis 500 m ü. NN vorkommen, wie im Marojejy-Nationalpark. Laut Busse (1981) nutzen *M. laevigata* und *M. betsileo* (wahrscheinlich ist damit jedoch *M. ebenaui* gemeint) denselben Lebensraum. *Mantella ebenaui* bewohnt hier feuchte bis nasse Lebensräume mit einer Bodenschicht aus Blättern (Staniszewski 2001).

Mantella laevigata ist rein tagaktiv und laut Vences & Glaw (2007) auf dem Boden sowie bis in 4 m Höhe in Bäumen und Bambushöhlen zu finden. Staniszewski (2001) zufolge lebt die Art in erhöhten „Nestern" in Baumhöhlen, Felsrissen, im Laub oder am Boden.

Im November 2011 besuchten wir den Maojejy-Nationalpark, wo wir in den Bambuswäldchen um das erste Camp (*Mantella*-Camp) herum zahlreiche *M. laeviagata* beobachten konnten. Für mich war erstaunlich, dass einzelne Männchen riefen, obwohl die Bambuswälder völlig ausgetrocknet waren. Die Frösche saßen meist auf langen Bambusröhren, die sich unter ihrem Eigengewicht nach unten bogen und teilweise abgebrochen waren. Einige Exemplare hockten in den abgebrochenen Bambusstämmen, obwohl diese völlig ausgetrocknet waren und mir als Versteckplatz für einen Frosch zu trocken erschienen. Zahlreiche Individuen fanden wir auch in der trockenen Bambusspreu am Boden. Zu erwähnen wäre, dass wir zum berechneten Beginn der Hauptregenzeit nach Marojejy kamen, die allerdings noch nicht eingesetzt hatte – und zuvor hatte es ebenfalls bereits längere Zeit nicht mehr geregnet. Zu meiner Freude sammelten sich dafür aber immer einige Exemplare in der feuchten Dusche und dem „Toilettenraum".

Mantella laevigata ist aufgrund ihrer Lebensweise und des Brutverhaltens für die Terrarienhaltung äußerst interessant, da sie sich diesbezüglich komplett von allen anderen Mantellen unterscheidet. Sie ist die einzige kletternde Art der Gattung, wie ihre Haftscheiben schon anzeigen. Im natürlichen Lebensraum werden zwischen Oktober und März die Eier einzeln in wassergefüllten Baumhöhlen oder Bambushöhlen ca. 1–2 cm über der Wasseroberfläche abgelegt. Dabei können bis zu sechs Adulte in der Laichhöhle anwesend sein.

Geschlechtsreife Tiere zeigen bei mir keinerlei aggressives Verhalten untereinander. Teilweise konnte ich sogar zwei Männchen beim Amplexus mit einem Weibchen beobachten. Während des Paarungsaktes stoßen die Männchen meiner Gruppen häufig Laute aus, die sich deutlich vom Anzeigeruf unterscheiden. Während Letzterer aus mehreren Doppelklicklauten besteht, klingen Erstere wie ein leiseres, lang gezogenes Schnarren aus einer Serie von drei Lauten.

Mantella laevigata im Marojejy-Nationalpark
Foto: A. Altenmüller

Pärchen von *Mantella laevigata* bei der Eiablage
Foto: A. Altenmüller

Die Terrarien sollten eine Mindesthöhe von 70 cm aufweisen, um der kletternden Lebensweise Rechnung zu tragen. Ich halte meine Gruppen in sehr geräumigen Becken mit Maßen bis zu 235 x 70 x 100 cm (Breite x Tiefe x Höhe). Zahlreiche Klettermöglichkeiten dürfen nicht fehlen. Große Wurzeln, bei mir sind dies meist Mangrovenwurzeln, Xaximstämme und dicht bewachsene Xaximplatten an den Rück- und Seitenwänden haben sich bei mir bewährt. Ich achte darauf, dass stets genügend Ablaichmöglichkeiten vorhanden sind. Ich biete meinen Tieren mit Wasser gefüllte Kokosnüsse und Filmdosen als Laichhölen an. Die Kokosnüsse bemoosen mit der Zeit und sehen so auch sehr dekorativ im Terrarium aus. Staniszewski (2001) erwähnt zwar, dass *M. laevigata* bevorzugt bemooste Laichhöhlen nutzt, allerdings werden von meinen Fröschen ebenso gerne unbemooste Höhlen bzw. Filmdosen genommen. Die Eier werden außerdem am Rand von Wasserstellen und in Bromelien abgesetzt. Man sollte darauf achten, die „Wasseransammlungen" und Laichhöhlen regelmäßig aufzufüllen, um so weiter entwickelte Eier zu zeitigen und den Quappen ausreichend Wasser zu bieten, auch wenn ich schon Larven hatte, die erstaunlicherweise mindestens einen, teilweise sogar mehrere Tage in einer „minimalen" Wasserlache schadlos überlebten.

Zur Einleitung der Paarungszeit erhöhe ich die Temperaturen auf bis zu 27 °C (auf mittlerer Höhe gemessen), wobei auch deutlich geringere Werte schon ausreichen, um eine Paarungsstimulation zu erreichen. Staniszewski (2001) gibt generell Haltungstemperaturen von 21–25,6 °C und eine Luftfeuchtigkeit von 80–100 % an. Ich beregne das Terrarium mehrmals am Tag, was die Männchen zusätzlich dazu verleitet, ihre Rufaktivitäten zu er-

Die Männchen von *M. laevigata* bleiben meist bei bzw. in den Laichhöhlen, von denen aus sie weitere Weibchen anlocken. Meist setzen sie dabei auch Kot in die Laichhöhlen ab, die den Quappen als Futter nutzen.
Foto: A. Altenmüller

höhen. Die Männchen rufen bei mir ganztägig, wobei meist 2–3 Exemplare regelgerechte Chorgesänge vortragen, bei denen sie gut aufeinander abgestimmt rufen: Die Klicklaute scheinen direkt in die Pause der anderen rufenden Männchen eingefügt zu werden. Gut eingewöhnte Gruppen laichen bei optimaler Haltung von April bis September fast ununterbrochen. Ich habe eher das Problem, meine Zuchtpaare im Herbst an die Ruhephase, in der die Beleuchtungsdauer auf etwa zehn Stunden pro Tag und die Beregnungshäufigkeit auf ein- bis dreimal pro Woche reduziert wird, zu gewöhnen.

Auch bei *M. laevigata* sind die Eier weiß, allerdings deutlich größer im Durchmesser als bei den übrigen Mantellen. Je nach Größe der Laichhöhle findet man später mehrere Quappen in unterschiedlichen Entwicklungsstadien. Im Wasserteil eines Quarantänebeckens, in das ich keine Laichhöhlen eingebracht hatte, waren es bis zu zehn Larven gleichzeitig, in einer Kokosnuss können es bis zu sechs sein. 2–3 Tage nach der Eiablage sind die sich entwickelnden Quappen in den Gallerthüllen gut zu erkennen. Sie schlüpfen meist nach 4–6 Tagen und brauchen je nach Temperaturen und Art der Aufzucht 27–162 Tage bis zur Metamorphose. Bei Staniszewski (2001) dauerte die Entwicklung in einer Laichhöhle 23–28 Tage, die Jungtiere wandelten sich mit einer Körperlänge von 11 mm um. Die von ihm in einem Aquarium aufgezogenen Quappen erreichten nach über 50 Tagen und mit einer Körperlänge von 8–9 mm die Metamorphose.

In Kokosnüssen belassene Quappen schlüpfen bei mir ebenfalls deutlich schneller, messen aber meist nur 10–12 mm, wäh-

Mantella laevigata ist nicht nur auf dem Rücken wunderschön gefärbt, sondern auch und besonders die blaue Färbung der Extremitäten ist sehr attraktiv
Foto: A. Altenmüller

Es wird häufig berichtet, ähnlich wie bei einigen Pfeilgiftfröschen ernährten auch die Weibchen von *M. laevigata* ihre Quappen mit speziellen Nähreiern. Die Larven fressen zwar tatsächlich unbefruchtete oder ins Wasser gefallene Eier, sind meinen Erfahrungen zufolge aber nicht zwingend darauf angewiesen und zeigen laut Glaw et al. (1998) kein erkennbares „Bettelverhalten". Ich beobachtete eine Quappe in einer Filmdose, die sich hauptsächlich vom Kot der adulten Tiere ernährte, die hier gelegentlich badeten. Das Männchen, das zuvor regelmäßig die Dose zur Paarung genutzt hatte, hatte die Paarungsaktivitäten bereits eingestellt. Aufgrund mehrfacher täglicher Kontrollen halte ich es für sicher, dass über Wochen kein Weibchen Eier in der Dose ablegte.

Auffällig ist aber, dass Quappen, die ich in Laichhöhlen belasse, in denen die Adulten noch Eier absetzen, eine deutlich kürzere Entwicklungsdauer bis zur Metamorphose haben als solche, die ich separat mit Fischfutter aufziehe. Die „Nähreier" scheinen daher also eine sehr gehaltvolle Nahrung zu sein.

Wenn ich Quappen aus verschiedenen Laichhöhlen zusammen setzte, starben die kleineren meist nach wenigen Stunden, auch

rend die künstlich einzeln aufgezogenen Larven mit teilweise mehr als 15 mm Körperlänge deutlich größer sein können.

wenn in ihrer ursprünglichen Laichhöhle ebenfalls größere Larven gelebt hatten. Der Grund hierfür ist mir nicht bekannt.

Untersuchungen des Mageninhaltes von Individuen aus der Natur ergaben, dass die Frösche sich meist von kleinen Ameisen, Termiten und Fliegen ernähren (Glaw & Vences 2007). Meine Tiere nehmen alle bekannten kleinen Futtertierarten von *Drosophila* über Blattläuse und Ofenfischchen bis zu Mikro-Heimchen gerne an.

Häufige Schwierigkeiten bei der Haltung

Die Quappenaufzucht gestaltet sich oft relativ aufwendig, da im Terrarium belassene Quappen sich schlecht kontrollieren lassen. Die Entwicklung scheint hier zwar deutlich rascher vonstatten zu gehen, als wenn man die Larven zur Einzelaufzucht in kleine Dosen überführt, allerdings sind die Fröschlein bei der Metamorphose dann deutlich kleiner als die „per Hand“ aufgezogenen Jungen.

Häufig wird bei der Aufzucht im Becken der Zeitpunkt der Metamorphose verpasst, und die Jungfrösche sind im großen Terrarium extrem schwer zu finden. Allerdings haben sie aufgrund ihrer Fähigkeit, bereits relativ große Futtertiere zu erbeuten, im Becken der Elterntiere gute Überlebenschancen, und nicht selten findet man frisch metamorphosierte oder halbwüchsige Jungtiere.

Wenn man die Quappen separat mit Fischfutter aufzieht, sollte man unbedingt darauf achten, dass nicht zu viel Futter gegeben wird, da ich sonst trotz täglichen Wasserwechsels immer wieder Verluste beklagen musste. Vor der Ausbildung der Hinterbeine neigen die Quappen zum Verpilzen, während größere Larven durch Gaseinschlüsse im Magen-Darm-Trakt an der Wasseroberfläche „schwimmen“ und schließlich sterben können. Bei der Fütterung mit *Spirulina*-Futtertabletten ist diese Gefahr aber anscheinend geringer als beim Verfüttern von Misch-Futterflocken.

Mantella laevigata
Foto: A. Altenmüller

Mantella laevigata
Foto: H.-P. Berghof

Mantella laevigata

Mantella madagascariensis

Verbreitung
Ranomafana (Ranomafanakely, Vohiparara), Beparasy, Besariaka nahe Moramanga, Maralambo, Niargarakely (Glaw & Vences 2007).

Größe
Die Größe der Weibchen beträgt 23–31 mm, die der Männchen 22–27 mm (Staniszewski 2001).

Beschreibung
Rücken, Kopf und Flanken sind schwarz. Ober- und Unterarme sind gelb bis grün. An den Flanken sind oberhalb der Vorderbeine deutliche gelbliche bis grüne Flecken zu sehen, die sich teilweise bis zur Rückenpartie erstrecken. Die Hinterbeine sind oft vom Oberschenkel bis zu den Füßen orange, teilweise mit schwarzen Querstreifen oder Mustern durchzogen. Auch *M. madagascariensis* besitzt die für viele Gattungsvertreter typischen Schenkelflecken in der Kniekehlregion, die sich in der Orangefärbung von der des restlichen Beines unterscheidet. Die Iris ist im oberen Bereich meist hell gefärbt. Der gelbliche Streifen, der sich von der Schnauze über die Augen zieht, berührt meist die Flecken an den Flanken. Bauch, Vorderbeine und Kehle sind schwarz, weisen aber rundliche Flecken auf, die meist bläulich sind, aber auch gelblich oder grünlich sein können. An der Kehle sind je nach Herkunft der Tiere weiße Hufeisenmuster zu erkennen, die bei Männchen deutlich ausgeprägter sind. Die Unterseite der Unterschenkel ist rot gefärbt (Glaw & Vences 2007).

Ähnlich aussehende Arten
Mantella baroni zeigt auf der Oberseite genau dieselbe Zeichnung wie *M. madagascariensis.* Allerdings fehlt laut Vences & Glaw (2007) die Hufeisenzeichnung an der Keh-

Mantella madagascariensis
Foto: A. Altenmüller

le, sie ist jedoch teilweise mit einzelnen Punkten angedeutet. Die Schenkelflecken fehlen ebenfalls. Die Iris ist komplett schwarz. Die Oberschenkelunterseite ist bei den mir bekannten Tieren und Abbildungen komplett schwarz und nicht rot gefärbt wie bei *Mantella madagascariensis.*

Mantella pulchra besitzt meinen Beobachtungen zufolge eher eine bräunliche Rückenfärbung, die meist zur Schnauze hin „ausbleicht". Die Färbung der Flankenflecken geht eher ins Grünliche. Die Oberseite der Unterschenkel ist braun.

Unterseite von *Mantella madagascariensis*
Foto: A. Altenmüller

Gelegegröße

Staniszewskis Exemplare hatten 1995 ein Gelege mit 48 weißen Eiern, das leider nicht befruchtet war. Der Nukleus hatte einen Durchmesser von 2 mm.

Ich selber hatte 2009 und 2010 mehrere Gelege von *M. madagascariensis.* Die Anzahl der Eier pro Gelege betrug 45–54. Ein Großteil der Gelege war leider unbefruchtet bzw. entwickelte sich nicht. Interessant war eine Laichhöhle, in der binnen zwei Tagen zwei Gelege abgesetzt wurden. Von den insgesamt 88 Eiern waren 31 unbefruchtet. 57 Quappen entwickelten sich sehr gut. Die Gelege zeigten nach zwei Tagen die ersten erkennbaren Anzeichen einer Entwicklung.

Aussehen der Quappen

Die Quappen sind wie alle mir bekannten *Mantella*-Larven nach dem Schlupf weiß, verfärben sich aber binnen weniger Tage erst gräulich und dann braun. Die heranwachsenden Quappen sind nach meinen Beobachtungen einheitlich braun gefärbt und zeigen nicht das bei vielen *Mantella*-Larven vorkommende Rautenmuster auf dem Rücken. Sie hatten etwa acht

Gelege von *Mantella madagascariensis,* das in eine vom Männchen in Wassernähe gegrabene Laichhöhle abgesetzt wurde
Foto: A. Altenmüller

Quappe von *Mantella madagascariensis* etwa acht Wochen nach dem Schlupf
Foto: A. Altenmüller

Wochen nach dem Schlupf bei gut entwickelten Hinterbeinen eine Gesamtlänge von etwa 3,5 cm. Die Hinterbeine nehmen einige Tage vor der Metamorphose, die nach weiteren 3–4 Wochen abgeschlossen ist, eine rötliche Färbung an.

Aussehen der Jungfrösche

Meine Jungfrösche waren beim Landgang braun, die Hinterbeine waren bereits leicht rötlich gefärbt. Der Flankenfleck scheint sich vom Humerus her zu färben, zumindest zeigen die körpernahen Anteile der vorderen Gliedmaßen helle Tendenzen, bevor sich die Flankenflecken vom Vorderbeinansatz her bilden. Die Umfärbung der Frösche beginnt etwa 3–4 Wochen nach der Metamorphose und ist nach 3–5 Monaten komplett abgeschlossen. Zu erwähnen wäre noch, dass die Färbung sich nach und nach entwickelt. Sowohl der Streifen über der Schnauze und den Augen als auch die Rotfärbung der Beine, die Flankenflecken und die Zeichnung der Bauchseite entstehen erst allmählich, ebenso die Wandlung der braunen Grundfärbung in das für die Art typische Schwarz. Interessant ist ebenfalls, dass alle mir bekannten Nachzuchten auch von anderen Züchtern bezüglich der Flankenflecken und Beinfärbung wie ausgeblichen wirken.

Landgänger von *Mantella madagascariensis*
Foto: A. Altenmüller

Rufe

Die Rufe bestehen aus zwei oder drei kurzen Klicklauten, die etwa 160–220 ms andauern. Die Frequenz liegt zwischen 4 und 4,6 kHz (Glaw & Vences 1994, zit. nach Staniszewski 2001).

Schutzstatus nach IUCN

Vulnerable (gefährdet)

Hauptbedrohung und Schutzmaßnahmen nach IUCN

Neben dem Holzeinschlag, dem Grasen von Weidevieh, dem Anbau von Lebensmitteln, der Köhlerei und der Ausbreitung von Eukalyptus ist die Besiedelung durch den Menschen die Hauptursache für den Rückgang der Wälder, in denen die Frösche leben. Das zu starke Sammeln der Frösche für den Tierhandel könnte ebenfalls eine Bedrohung darstellen, allerdings muss dies noch eingehender untersucht werden.

Die Art lebt zwar nicht in geschützten Gebieten, hat aber ein Verbreitungsgebiet in der Nähe des Ranomafana-Nationalparks. *Mantella madagascariensis* steht auf Anhang B des Washingtoner Artenschutzabkommens (ANDREONE & GLAW 2004).

Ein ganz sicher als Männchen zu bestimmendes Exemplar von *Mantella madagascariensis*, zu erkennen an der weißen Zeichnung im Kehlbereich und den deutlich sichtbaren Oberschenkeldrüsen
Foto: A. Altenmüller

Geschlechtsunterschiede

Wie bei den meisten Mantellen sind auch bei *M. madagascariensis* die Weibchen meist deutlich kräftiger und größer als die Männchen. Die Ovarien sind bei ihnen zwar nicht durch die dunkle Bauchdecke zu erkennen, dafür sind bei den Männchen meiner Gruppe die Drüsen an der Unterseite der Oberschenkel gut sichtbar.

Als unsicheres Geschlechtsmerkmal gilt der Kehlbereich, der bei Männchen mit einer größeren weißen Fläche ausgestattet sein kann als bei den Weibchen. Zwei meiner Männchen haben sogar eine komplett weiße Kehlregion, was bei Rufen deutlich sichtbar wird und einer optischen Signalverstärkung der Paarungsrufe dienen könnte.

Lebensweise, Haltung und Zucht

Mantella madagascariensis gilt als eine typische Hochlandform und kommt teilweise in denselben Lebensräumen vor wie *M. baroni*. 2009 fanden wir in Ranomafana im Habitat von *M. baroni* ein einziges halbwüchsiges Exemplar von *M. madagascariensis*. Wir entdeckten das Tier in der Laubschicht am Rand eines Waldes, in den wir wegen der dichten Vegetation nicht eindringen konnten. In etwa 50 m Entfernung verlief ein kleiner Fluss, in dessen direkter Umgebung wir aber weder Exemplare von *M. baroni* noch von *M. madagascariensis* fanden. VENCES & GLAW (2007) zufolge lebt *M. madagascariensis* tagaktiv in Primärwäldern entlang von Flüssen. Laut einem madagassischen Guide aus Ranomafana setzt sich allerdings *M. baroni* in diesen Lebensräumen durch und verdrängt langfristig *M. madagascariensis*. *Mantella madagascariensis* und *M. baroni* sind genetisch nicht nahe miteinander verwandt (VENCES et al. 1998), obwohl ihr Aussehen anderes vermuten lassen würde. Ob eine Hybridisierung zwischen beiden Arten möglich ist, ist mir nicht bekannt.

Im Terrarium sind die Frösche bei mir tagaktiv. Sie verstecken sich gerne in kleinen Höhlen oder in der Vegetation, kommen bei der Beregnung oder beim Füttern jedoch aus ihrem Unterschlupf heraus und springen im Becken umher. Ich nutze ein Pfeilgiftfroschterrarium mit kleinem Wassergraben, den ich am Rand mit dünnen Torfstückchen ausgelegt habe, um ein Abrutschen des Bodensubstrates aus Weißtorf zu verhindern. Es scheint wichtig, eine tiefe Bodenschicht im Uferbe-

reich schaffen zu können, da sich bei mir die Männchen hier regelgerecht in das Erdreich eingraben. Im Terrarium sind außerdem Äste und Wurzeln vorhanden, die den Fröschen neben den bewachsenen Seiten- und Rückwänden zum Klettern dienen. Die Weibchen halten sich bei mir eher in den oberen Beckenbereichen auf, wo sie in den 70 cm hohen Becken teilweise direkt unter der Terrariendecke ihre Versteckplätze in der Vegetation haben. Männchen hingegen verbergen sich eher in den unteren Regionen des Terrariums.
Die Paarungsbereitschaft meiner Gruppe wird durch täglich mehrfaches Beregnen und häufiges Benebeln des Beckens eingeleitet. Wenn gleichzeitig das Futterangebot erhöht, die Temperatur auf etwa 25 °C im Bodenbereich angehoben und die Tageslichtdauer auf etwa 13–14 Stunden verlängert wird, fangen die Männchen nach 2–3 Wochen an zu rufen.

Interessant ist bei dieser Art die Eiablage, die ich mehrfach beobachten konnte. Die Männchen graben in der Nähe des Wasserteils regelrechte Löcher in den Bodengrund, in denen problemlos zwei adulte Tiere Platz finden. Diese Löcher haben teilweise nur eine kleine Öffnung, durch die die Frösche gerade so passen. Bemerkenswert ist, dass die Männchen diese Höhlungen wirklich nur im Randbereich des Wassergrabens der Pfeilgiftfroschbecken anlegen, maximal 10 cm vom Wasser entfernt, obwohl an höher gelegenen Stellen das Graben deutlich einfacher wäre. Andere Arten hingegen, etwa *M. aurantiaca*, nutzen Ablageplätze für ihren Laich, die im gesamten Terrarium verteilt liegen können.

Rufendes Männchen von *Mantella madagascariensis*
Foto: A. Altenmüller

Die Männchen von *M. madagascariensis* rufen bevorzugt aus den erwähnten Löchern heraus, um so die Weibchen anzulocken. Seltener sieht man sie rufend im Terrarium herumspringen. Die Gelege werden in den Löchern abgesetzt. Anschließend bleiben die Männchen immer in der Nähe des Laichs. Ob dies ein „väterliches Verhalten" darstellt, wie es Staniszewski für *M. aurantiaca* beschreibt, kann ich nicht mit Bestimmtheit sagen. Vielleicht bleiben sie einfach im Bereich ihrer Brut- und Rufplätze, da das Graben einer derartigen Höhle für einen Frosch dieser Größe eine wahre Kraftanstrengung bedeutet.

Wie erwähnt laichten 2009 zwei Weibchen binnen zwei Tagen in derselben Höhle. Ich hatte anschließend das Problem, den richtigen Zeitpunkt zum Herausnehmen der Gelege abzupassen, da viele Gelege absterben, wenn man sie zu früh entfernt. Allerdings befreien sich die Quappen recht bald aus der Gallertmasse. Sie sind dann schwer herauszufischen. Am Ende entnahm ich acht Tage nach der Ablage des ersten Geleges 57 Quappen und 31 unbefruchtete Eier aus der doppelt genutzten Laichhöhle.

Zwei Tage nach der Eiablage kann man bei einer Temperatur von etwa 20 °C im Bodenbereich bereits die ersten Entwicklungen an den weißen Eiern erkennen. Meist 5–7 Tage nach der Eiablage sind die Quappen bereits gut entwickelt, sodass man die die Gelege vorsichtig aus dem Terrarium nehmen kann. Ich benutze dafür eine Plastikgabel und überführe den Laich in ein kleines Plastikgefäß, dessen Boden ich mit Wasser bedecke. Das Gelege sollte keinesfalls komplett unter Wasser liegen, da sonst die noch in der Gallerthülle befindlichen Quappen ertrinken.

Sobald die Quappen beginnen, sich dunkel zu verfärben und frei zu schwimmen, sollten sie in ein größeres Aufzuchtbecken überführt werden. Bei mir hat sich die Aufzucht mit Teichwasser bei täglichem Wasserwechsel bewährt. Seemandelbaumblätter dienen als Unterschlupf, als Futter gebe ich *Spirulina*-Futtertabletten. Zu hohe Quappendichte und unregelmäßiger Wasserwechsel führten immer wieder zu Problemen mit Streichholzbeinchen.

Mantella madagascariensis
Foto: M. Vences

Die Metamorphose ist meist 11–12 Wochen nach der Eiablage abgeschlossen. Die Jungfrösche verstecken sich die ersten Wochen häufig unter Moos, Blättern und Torfstückchen und warten auf vorbeikommende Futtertiere. Erst nach einigen Wochen beginnen die Frösche, sich mehr im Terrarium zu bewegen und aktiv nach Beute zu suchen. Direkt nach der Metamorphose können sie nur Springschwänze überwältigen, schaffen aber bereits 2–3 Wochen später kleine *Drosophila*.

Ich halte die Jungfrösche die ersten 3–4 Monate in Terrarien mit 40 x 50 cm Grundfläche, um eine hohe Futtertierdichte zu ermöglichen. Die Aufzucht erfolgt mindestens sechs Monate separat, bevor ich die Jungtiere in die Gruppe der adulten Tiere integriere. Auch ältere Nachzuchttiere wirken in der Färbung wie ausgeblichen, wobei die Schenkelflecken ähnlich wie bei *M. aurantiaca* eine deutlich hellere, teilweise gelbliche Färbung zeigen, während die der adulten Tiere orangerot sind.

Häufige Schwierigkeiten bei der Haltung

Wie bereits beschrieben, hatte ich speziell bei *M. madagascariensis* immer wieder Probleme mit Darmvorfällen. Dies passierte meist dann, wenn ich viele Futtertiere mit recht harter Chitinhülle verfütterte, insbesondere Große Fruchtfliegen (*Drosophila hydei*). Das Problem trat bei keiner anderen *Mantella*-Art auf. Leider hatte ich bei den Landgängern von *M. madagascariensis* auch immer wieder Schwierigkeiten mit Streichholzbeinchen. Interessant war allerdings, dass die Beinchen nicht aus den Vorderbeintaschen brechen konnten, obwohl diese bereits geöffnet waren. Bei der vorsichtigen Untersuchung erwies sich, dass die Vorderbeinchen zwar relativ kräftig aussahen, aber wie gelähmt erschienen.

Mantella manery

Verbreitung

Marojejy (Glaw & Vences 2007), Ankazafa nahe Daraina (Edmonds 2009), Analabe Forest (Raxworthy et al. 2008).

Größe

Die Körperlänge von *M. manery* beträgt 23–29 mm (Glaw & Vences 2007).

Beschreibung

Mantella manery ist eine relativ kompakt gebaute Art. Kopf und vorderer Teil des Rückens sind gelbgrün gefärbt, wobei sich diese Färbung recht scharf gegen die dunkelbraunen Flanken und die hintere Rückenpartie abgrenzt. Vorder- und Hinterbeine sind ebenfalls dunkelbraun gefärbt. Ein dünner, weißer Zügelstreifen reicht vom Ansatz der Vorderbeine bis kurz vor die Schnauzenspitze. Der obere Teil der Iris ist hell pigmentiert. Auf der Bauchseite sind bläuliche Punkte zu sehen. Die Kehle zeigt ein helles Hufeisenmuster. An den Hinterbeinen sind nach Glaw & Vences 2007 keine roten, gelben oder orangefarbenen Muster zu erkennen. Auf den mir bekannten Bildern sind hier dafür jedoch dunklere Querstreifen vorhanden. An den Zehen und Fingern sind bläuliche Färbungen zu sehen, ebenfalls an den Hinterbeinen.

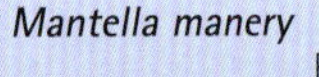

Mantella manery
Foto: F. Glaw

Ähnlich aussehende Arten

Mantella laevigata besitzt keinen Zügelstreifen über der Oberlippe. Die Spitzen der Finger und Zehen sind zu gut sichtbaren Haftscheiben verbreitert. Die Hinterbeine von *M. manery* zeigen auf den mir bekannten Fotos hellere und dunklere Querstreifen.

Der Rücken von *M. nigricans* ist eher bronzefarben und nur in kleineren Bereichen grünlich gefärbt. Am Ansatz der Vorder- und Hinterbeine sind grüne Flecken zu sehen.

Gelegegröße

Nicht bekannt.

Aussehen der Quappen

Nicht bekannt.

Aussehen der Jungfrösche

Devin Edmonds zeigt auf seiner Seite www.amphibiancare.com ein Foto eines Jungfroschs, der eine Körperlänge von etwa 8–10 mm haben dürfte, aber schon komplett umgefärbt zu sein scheint. Vielleicht nimmt *M. manery* ähnlich wie *M. laevigata* bereits kurz nach der Metamorphose die Adultfärbung an.

Rufe

Nicht bekannt.

Schutzstatus nach IUCN

Seit 2009 wird die Art aufgrund ihres kleinen bekannten Verbreitungsgebietes als „vulnerable" (gefährdet) eingestuft. Zuvor war die Einstufung „data deficient" (keine ausreichenden Daten).

Unterseite von *Mantella manery*
Foto: F. Glaw

Hauptbedrohung und Schutzmaßnahmen nach IUCN

Neben dem Holzeinschlag, dem Grasen von Weidevieh, dem Anbau von Lebensmitteln, der Köhlerei und der Ausbreitung von Eukalyptus ist die Besiedelung durch den Menschen die Hauptursache für den Rückgang der Wälder, in denen die Frösche leben. Andreone et al. (2008) schildern, wie die Habitate immer stärker an Größe und Qualität verlieren.

Die Art lebt im Marojejy-Nationalpark sowie in einem ungeschützten Gebiet im Analabe-Regenwald. Sie steht auf Anhang B des Washingtoner Artenschutzabkommens (Raxworthy et al. 2009).

Geschlechtsunterschiede

Nicht bekannt.

Lebensweise, Haltung und Zucht

Glaw & Vences (1994) sowie Edmonds (2009) berichten über *M. manery* aus dem Marojejy-Nationalpark im Nordosten Madagaskars, wo sie diese Art in ungestörten Wäldern entlang kleiner Flüsse und Bachläufe fanden. Dort waren die tagaktiven Frösche auf offenen Flächen zu finden.

Staniszewski (2001) gibt an, dass ein mutmaßliches Exemplar dieser Art besonders bei Temperaturen zwischen 22 und 25,6 °C aktiv war. Der Frosch habe sowohl hohe wie auch niedrige Temperaturen toleriert.

Wir haben die Art im November 2011 im Marojejy-Nationalpark gesucht, konnten aber leider kein einziges Exemplar finden. Wahrscheinlich allerdings waren wir an den falschen Stellen unterwegs.

Edmonds (2009) entdeckte nach einem Regenschauer am Nachmittag eine große Anzahl rufender Männchen. Die Frösche hielten sich in der Nähe von Ankazafa am Fuß von Geröll in einem Galeriewald entlang eines kleinen Flusses auf. Die umliegende Landschaft war von Grasland und bewirtschafteten Feldern geprägt. Im selben Habitat kam auch *M. ebenaui* in ähnlich großer Anzahl wie *M. manery* vor. Edmonds beschreibt zwei Individuen, die mit einer gelben Rückenfärbung zwischen der grünen Färbung von *M. manery* und der rötlich braunen Färbung von *M. ebenaui* lagen. Er vermutet, dies könnten Hybriden der beiden Arten gewesen sein. Bereits zuvor hatten Nagano & Vences (2006; pers. Mittlg. von Vences an Edmonds) ähnliche Frösche in einem einige Kilometer entfernten Habitat beobachtet.

Mantella milotympanum

Verbreitung

Fierenana, Andriabe und Savakoanina, dort gemeinsam mit *M. crocea* (GLAW & VENCES 2007).

Größe

Die Weibchen erreichen 17–21 mm Körperlänge, die Männchen 15–18 mm (STANISZEWSKI 2001). GLAW & VENCES (2007) hingegen schreiben, einzelne Weibchen könnten bis zu 30 mm lang werden.

Beschreibung

Der Rücken ist einheitlich gelborange oder rotorange, mit einem schwarzen Punkt auf dem Tympanum und einer kleinen, runden Schwarzfärbung um die Nase. In den Kniekehlen sind rote Schenkelflecken vorhanden. Die Iris ist fast komplett schwarz gefärbt, lediglich im oberen Bereich ist eine kleine, helle Pigmentierung zu erkennen. Die Bauchseite ist einheitlich wie die Oberseite gefärbt, allerdings meist etwas heller. Der Bereich um die Oberschenkeldrüsen ist schwarz gesprenkelt, der Unterschenkel ist leuchtend rot (GLAW & VENCES 2007).

Die Haut auf dem Rücken erscheint meiner eigenen Beobachtung zufolge körnig.

Es herrscht immer noch etwas Verwirrung bezüglich der genetischen Differenzierung zu *M. crocea*. Möglicherweise handelt es sich bei den als *M. milotympanum* beschriebenen Fröschen lediglich um eine Farbvariante von *M. crocea*. GLAW & VENCES (2007) zeigen ein grünlich gelbes Exemplar von *M. crocea*, das in der Form und der schwarzen Färbung an Tympanum und Nase *M. milotympanum* zum Verwechseln ähnlich sieht. Laut GLAW & VENCES (pers. Mittlg. 2012) ist nach wie vor ungeklärt, ob es sich um eine Art oder um zwei handelt.

Bei einem meiner Exemplare von *M. milotympanum* war die Gesichts- und Flankenzeichnung von *M. crocea* angedeutet.

Änlich aussehende Arten

Bei *M. aurantiaca* fehlt die dunkle Färbung des Tympanums sowie der Nasenlöcher. Die Haut ist nicht körnig, sonder verhältnismäßig glatt.

Mantella milotympanum
Foto: A. Altenmüller

Mantella crocea und M. milotympanum sind sehr eng miteinander verwandt, möglicherweise sogar artgleich. Glaw & Vences (2007) zeigen eine Farbvariante von M. crocea, die von Jovanovic et al. (2007) als Mantella aff. milotympanum bezeichnet wird. Bei ihr sind ebenfalls das Tympanum und der Bereich um die Nasenlöcher dunkel gefärbt, wie bei M. milotympanum, allerdings ist die Körperfärbung gelblich grün und die Haut nicht so körnig wie bei M. milotympanum.

Edmonds (2006e) weist darauf hin, dass bei Importen aus Madagaskar nach Nordamerika eine wohl nicht unbeträchtliche Anzahl an Individuen von Händlern und Sammlern fälschlich als M. aurantiaca bestimmt wurde. Außerdem erwähnt er, zwei Halter in Nordamerika hätten berichtet, dass Wildfangtiere von M. milotympanum Nachzuchten mit gelber, roter und orange Färbung hervorbrachten, was auf unterschiedliche Ursprungspopulationen schließen lässt.

Gelegegröße

Staniszewski (2001) berichtet von einem Gelege mit gerade einmal 17 Eiern, deren Durchmesser 1,2 mm betrug. Der Nukleus war gelblich braun gefärbt. Die ersten Anzeichen einer Entwicklung waren bei 22,2 °C nach sechs Tagen zu erkennen. Die Quappen schlüpften nach neun Tagen.

Aussehen der Quappen

Nicht bekannt.

Aussehen der Jungfrösche

Bei Staniszewski (2001) schlossen nach 230 Tagen 4–5 mm große, olivfarbene Jungfrösche die Metamorphose ab und konnten nur mit kleinsten Blattläusen und Springschwänzen gefüttert werden. Nach sechs Monaten war bei einer Körperlänge von 8,7 mm die Umfärbung abgeschlossen.

Unterseite von *Mantella milotympanum*
Foto: A. Altenmüller

Rufe

Die Rufe meiner Gruppe waren erstaunlich laut und klangen auch etwas härter als die meiner anderen Mantellen (vgl. auch Staniszewski 2001).

Mantella milotympanum mit für *M. crocea* typischer Flankenzeichnung
Foto: A. Altenmüller

Schutzstatus nach IUCN

Critically endangered (vom Aussterben bedroht)

Hauptbedrohung und Schutzmaßnahmen nach IUCN

Neben dem Holzeinschlag, dem Grasen von Weidevieh, dem Anbau von Lebensmitteln und der Köhlerei sind die Ausbreitung von Eukalyptus und die Besiedlung durch den Menschen die Hauptursachen für den Rückgang der Habitate, in denen die Frösche leben. Zudem wurden die Tiere in der Vergangenheit in großer Anzahl für den Handel gesammelt. Die Art lebt in keinem geschützten Gebiet, weshalb unbedingt die verbleibenden Habitate unter Schutz gestellt werden sollten. *Mantella milotympanum* steht auf Anhang B des Washingtoner Artenschutzabkommens (Vences & Nussbaum 2004).

Geschlechtsunterschiede

Männchen sind heller gefärbt als Weibchen. Die Wolf'schen Kanäle sind durch die Bauchdecke der Männchen erkennbar.

Mantella milotympanum ist im Bodenbereich gut getarnt
Foto: A. Altenmüller

Männchen sind kleiner und fallen während der Paarung durch ihre recht lauten Rufe auf (Staniszewski 2001).

Lebensweise, Haltung und Zucht

Laut Edmonds (2009) lebt *M. milotympanum* in Sumpfwäldern im Osten Zentral-Madagaskars. Mittlerweile sind mehrere Verbreitungsgebiete bekannt. Die Frösche halten ähnlich wie *M. aurantiaca* und *M. crocea* während der trockenen Jahreszeit, bei der die Temperaturen nachts deutlich unter 10 °C sinken können, eine Ruhephase ein. Erst wenn es ab November/Dezember wieder häufiger heftig regnet, werden sie aktiv.

Staniszewski (2001) zufolge sind die scheuen Frösche dann meist in der Dämmerung und in der Nacht aktiv. Im Terrarium konnte von ihm öfter beobachtet werden, dass ihre Aktivität einige Stunden vor der Abenddämmerung einsetzte.

Bei einer Gruppe, die ich selber hielt, konnte ich ebenfalls feststellen, dass die Aktivitäten hauptsächlich in den Abendstunden lagen, die Frösche aber auch in den Morgenstunden aktiv wurden, wenn auch nicht ganz so stark.

Staniszewski pflegte seine Gruppe ähnlich wie *M. aurantiaca*. Er gibt Haltungstemperaturen von 21,1–23,9 °C an und nutzte weniger intensives Licht als bei seiner Gruppe *M. aurantiaca*. Als Nachtlicht diente eine 8-W-Glühbirne. Edmonds weist auf niedrige Haltungstemperaturen hin, die nicht über 26 °C steigen sollten und in der trockenen Ruheperiode sogar durchaus auf 15 °C fallen können. Die Männchen rufen ihm zufolge nach dem Benebeln

Mantella milotympanum
Foto: A. Altenmüller

des Beckens stundenlang ununterbrochen, Weibchen lassen sich dann ebenfalls öfter blicken.

Als Ablaichplätze werden kleine Höhlen unter Moospolstern, trockenen Blättern oder Holzstückchen gegraben. Staniszewski fand ein einzelnes Gelege mit nur 17 Eiern in einer feuchten Vertiefung unter Javamoos. Die Männchen hatten nach dem Benebeln des Beckens ebenfalls stundenlang unaufhörlich von versteckten Plätzen unter Steinen, Blättern und Rindenstückchen gerufen. Die gelblich braunen Eier zeigten nach sechs Tagen bei 22,2 °C die ersten Anzeichen einer Entwicklung. Nach neun Tagen schlüpften die Quappen. Die Sterblichkeit war sehr hoch, die Entwicklung extrem langsam. Erst nach 230 Tagen metamorphosierten drei olivfarbene Fröschlein, die sich mit ihren 4–5 mm Körperlänge nur mit kleinsten Blattläusen und Springschwänzen füttern ließen. Nach sechs Monaten nahmen sie die Adultfärbung an.

Ich bekam 2007 eine Gruppe von *M. milotympanum*, die ich ebenfalls ähnlich wie meine *M. aurantiaca* in einem gut eingerichteten Terrarium mit dichter Vegetation und zahlreichen Versteck- und Klettermöglichkeiten hielt. Leider besaß ich nur ein Männchen, das sich trotz intensiven Benebelns des Beckens bei Temperaturen von 21–23 °C nur unregelmäßig, dann aber sehr ausdauernd, zum Rufen stimulieren ließ. Ein Gelege mit 22 Eiern wurde in einem hohlen Xaximstamm abgesetzt, aus dem zuvor das Männchen immer wieder gerufen hatte. Leider zeigte der Laich kein Anzeichen einer Entwicklung und verpilzte nach etwa sechs Tagen.

Die Frösche zwängten sich häufig in enge Spalten in den Xaximwänden und unter Einrichtungsgegenständen wie Wurzeln und Blättern, wo sie sich bevorzugt versteckten. Leider verlor ich während eines Umzuges einen Großteil meiner Gruppe, da sich die Frösche durch einen etwa 3 x 4 mm breiten Spalt zwängten und außerhalb des Beckens keine Überlebenschancen hatten.

Häufige Schwierigkeiten bei der Haltung

Wie gerade beschrieben hatte ich Ausfälle, da sich die Tiere bevorzugt in enge Spalten zwängen und schon die kleinsten Ritzen nutzen, um zu entweichen. Es sollte unbedingt darauf geachtet werden, dass die Becken keinerlei Ausbruchmöglichkeiten bieten und sich zwischen den Schiebescheiben ein Silikonstreifen befindet, der sie gegeneinander abdichtet.

Mantella nigricans

Verbreitung

Anjanaharibe, Nord-Mananara, Manogarivo (1.240 m ü. NN), Marojejy, Tsaranano (Glaw & Vences 2007).

Größe

Laut Glaw & Vences (2007) beträgt die Körperlänge 27–28 mm, nach Staniszewski (2001) 22–25 mm. Tiere meiner Zuchtgruppe messen 24–29 mm.

Beschreibung

Die Färbung des Rückens kann stark variieren. Er ist entweder einheitlich braun oder teilweise bis komplett grün. Die Flanken sind schwarz oder teilweise grün, mit relativ großen, grünen Flecken. Die Iris ist im oberen Bereich hell pigmentiert. Der Bauch ist schwarz, mit blauen Punkten. Die Unterseite der Beine ist ebenfalls schwarz mit blauen Punkten (Glaw & Vences 2007).

Laut Staniszewski (2001) ist die Oberseite des Humerus grün, die Oberseite der Unterarme ist hellbraun gebändert. Die Oberseite des Oberschenkels ist grün gefärbt, die Oberseite der Unterschenkel mit hell- und dunkelbraunen Querstreifen versehen. Im Kehlbereich ist eine blaue Hufeisenzeichnung erkennbar.

Bei den mir bekannten Tieren ist anstelle der orangefarbenen oder roten Schenkelflecken bei gestreckten Hinterbeinen eine hellblaue Musterung zu erkennen. Ich habe den Eindruck, dass die Zehen der Vorder- und Hinterbeine generell, ähnlich wie bei *M. laevigata*, bläulich sind.

Änlich aussehende Arten

Der Kopf von *M. pulchra* ist bronzefarben, in den Kniebeugen sind rote Schenkelflecken vorhanden (Staniszewski 2001). Laut Glaw & Vences (2007) reichen die Flankenflecken bei *M. pulchra* nicht über die Grenze zwischen den Färbungen der Oberseite und der Flanken hinaus, sodass der Rücken keine grüne Färbung zeigt.

Mantella nigricans
Foto: A. Altenmüller

Mantella manery besitzt einen Zügelstreifen, der *M. nigricans* fehlt. Außerdem ist die grüne Rückenfärbung stark gegen die Flankenfärbung abgegrenzt, während bei *M. nigricans* die grüne Rückenzeichnung in die Flankenflecken im Vorderbeinbereich übergeht. Die Beine sind bei *M. manery* auf der Oberseite komplett braun, während die Oberseite der Oberschenkel bei *M. nigricans* grün gefärbt ist.

Unterseite von *Mantella nigricans* Foto: A. Altenmüller

Gelegegröße

Die Gelegegröße liegt zwischen 22 und 55 Eiern mit einem Durchmesser von 1,10–1,70 mm et al. (TESSA et al. 2009).

Eigene Gelege meiner Zuchtgruppengruppe umfassten 22–48 weiße Eier. Bei 20 °C im Bodenbereich waren erst nach sechs Tagen die ersten Anzeichen einer Entwicklung zu erkennen. Ich war immer wieder unsicher, ob die Gelege befruchtet waren oder nicht. Grundsätzlich ist die Gallertmasse aller mir bekannten Mantellengelege klar, nur bei meinen *M. nigricans* war sie milchig. Bei anderen Arten ist dies ein Symptom dafür, dass die Eier unbefruchtet sind und das Gelege bereits nach wenigen Tagen verpilzt.

Gelege von *Mantella nigricans* in einer vom Männchen gegrabenen Laichkuhle Foto: A. Altenmüller

Aussehen der Quappen

Zehn Tage nach der Eiablage schlüpften die ersten cremefarbenen Quappen. Ihre Entwicklung verlief sehr langsam. 15 Tage nach dem Schlupf färbten sie sich gräulich braun, wobei der weiße Dottersack am Bauch nach dieser Zeit immer noch gut zu erkennen war. Bis zur fünften Woche erfolgte die Umfärbung zu Schwarz, wobei die Körperform sich sehr von der anderer *Mantella*-Quappen unterschied: Larven von *M. nigricans* haben einen stromlinienförmigen Körper mit einem relativ langen, schmalen Schwanz. Die Hinterbeine waren bei einer Gesamtlänge von 3 cm erst nach etwa 90 Tagen zu erkennen.

Quappe von *Mantella nigricans* kurz vor dem Schlupf Foto: A. Altenmüller

Quappe von *Mantella nigricans* sechs Wochen nach dem Schlupf
Foto: A. Altenmüller

Aussehen der Jungfrösche

Leider konnte ich nach 242 Tagen nur einen Landgänger zur Metamorphose bringen, der allerdings mit Schwanz bereits sehr abgemagert aussah und wenige Tage später starb.

Das Fröschlein maß bei einer Gesamtlänge von 1,5 cm gerade einmal 6 mm von der Schnautze bis zum Schwanzansatz. Der Rücken war schwarz mit hellbraunen Pigmenteinschlüssen, wodurch der Rücken bräunlich gefärbt wirkte. Die Flanken waren vom Kopf bis zum Schwanz schwarz gefärbt, zeigten aber am Kopf hinter der Augenregion bläulich wirkende Pigmentierungen. Die Vorder- und Hinterbeine waren auf der Oberfläche braun gefärbt. Der verbleibende Schwanz war schwarz mit bläulichen Pigmenten. Die Bauchseite war schwarz und zeigte ebenfalls blaue Pigmenteinschlüsse. Die Unterseite der Oberschenkel war hell.

Landgänger von *Mantella nigricans*, der leider zu schwach war, um die Metamorphose vollständig abzuschließen
Foto: A. Altenmüller

Rufe

Die Rufe der Männchen meiner Zuchtgruppe bestehen aus Serien meist 12–15 einzelner Klicklaute, die meist mehrfach nach längeren Pausen wiederholt werden.

Schutzstatus nach IUCN

Least Concern (nicht gefährdet)

Hauptbedrohung und Schutzmaßnahmen nach IUCN

Die Hauptursachen für den Rückgang der Wälder, in denen die Frösche leben, sind Holzeinschlag, Grasen von Weidevieh, Anbau von Lebensmitteln, Köhlerei, Ausbreitung von Eukalyptus und Besiedelung durch den Menschen.

Die Art lebt in mehreren geschützten Gebieten, wird in unterschiedlichen Einrichtungen erfolgreich gezüchtet und steht auf Anhang B des Washingtoner Artenschutzabkommens (Andreone & Raxworty 2004).

Geschlechtsunterschiede

Laut Staniszewski (2001) ist die Schnauze der Männchen spitzer, und ihr Hufeisenmuster im Kehlbereich ist etwas stärker ausgeprägt. Ich habe den Eindruck, dass die Männchen meiner Gruppe kleiner und schlanker sind als die Weibchen.

Lebensweise, Haltung und Zucht

Mantella nigricans lebt in der Laubschicht entlang kleiner Bäche und Flüsschen. Die leicht vergrößerten Fingerspitzen lassen vermuten, dass die Art auch in der Natur klettert, was im Terrarium öfter zu beobachten ist. Die Art bewohnt Höhenlagen bis mindestens 1.240 m, weshalb das Klima eine bedeutende Rolle im Verhalten der Frösche spielt. Populationen, die in höheren Lagen leben, graben sich in der kühlen und trockenen Jahreszeit unter gefallenen Baumstämmen ein, während ihre Artgenossen aus Populationen in Küstennähe, wo das Klima ganzjährig gleich bleibt, auch das ganze Jahr über aktiv sind. *Mantella nigricans* kommt laut Andreone (1997; pers. Mitteilung an Staniszewski) in den Habitaten meist sehr häufig vor und kann bei Tsararano, wo sie denselben Lebensraum wie *M. laevigata* besiedelt, im Verhältnis 100 : 1 (*Mantella nigricans* : *Mantella laevigata*) angetroffen werden (Staniszewski 2001).

Im November 2011 suchten Dr. Rainer Dolch, Karsten Köpp und ich die Frösche im Marojezy-Nationalpark. Unser Guide Rabary Desire fand in den Morgenstunden ein einzelnes Exemplar am Flusslauf bei Camp 2. Auch wenn wir immer wieder einzelne *Mantella*-ähnliche Rufe hören konnten, entdeckten wir keine weiteren Individuen. Zu erwähnen ist, dass es zu dieser Zeit noch recht trocken war, da die für diese Jahreszeit typischen ergiebigen Regenfälle noch nicht eingesetzt hatten. Edmonds bestätigte uns ebenso wie Rabary Desire, dass zu entsprechender Jahreszeit an dieser Stelle häufig unzählige Exemplare von *M. nigricans* zu finden sind. Der Lebensraum erstreckt sich entlang eines Baches, wo sich den Fröschen zwischen großen Felsen, Steinen, abgebrochenen Ästen und Blättern zahlreiche Versteckmöglichkeiten bieten. Nach dem Fotografieren setzten wir das ge-

Habitat von *M. nigricans* im Marojezy-Nationalpark
Foto: A. Altenmüller

Mantella nigricans; Männchen bei einem Gelege
Foto: A. Altenmüller

fundene Exemplar wieder im Uferbereich des Bachlaufes aus, wo es nach wenigen Sprüngen zwischen Felsen und Steinen unauffindbar verschwand.

Eine Gruppe, die ich im Juli 2011 bekam, lebte sich recht schnell in einem einfach eingerichteten Becken für Pfeilgiftfrösche ein. Der Bodengrund besteht aus Weißtorf. Darauf sind einzelne Weißtorfstückchen verteilt, sodass zahlreiche Versteckmöglichkeiten bestehen. Alles ist mit dichtem Moos und zahlreichen kleinen Farnen bewachsen. Zusätzlich dient eine große, weit auslaufende Wurzel als Kletter- und Versteckmöglichkeit.

Die Frösche sind bei mir besonders in den Morgenstunden und am Abend aktiv, etwa 1–2 Stunden vor dem Ausschalten des Lichts. Vor allem in den Morgenstunden kann man sie häufig beobachten, wie sie an verschiedenen Einrichtungsgegenständen emporklettern, selbst am Glas. Nach dem Beregnen des Beckens und bei der Fütterung sind die Frösche ebenfalls äußerst aktiv und gut zu sehen. Sie sind in keinster Weise scheu oder schreckhaft und lassen sich selbst durch das Hantieren und Arbeiten im Terrarium nicht stören. Sie lassen sich sehr häufig an der Frontscheibe blicken, bleiben zur Freude meiner kleinen Tochter Emilia dort völlig unerschrocken sitzen und lassen sich beobachten.

Nach einer kühleren Periode mit etwa 17–18 °C im Bodenbereich fingen die Männchen bei einem Temperaturanstieg auf 20–21 °C an zu rufen. Die Rufe lassen sich aufgrund der charakteristischen Serien von meist 12 einzelnen kurz hintereinander folgenden Klicklauten, auf die eine längere Pause folgt, gut von denen meiner übrigen Mantellen unterscheiden. Die Männchen riefen sehr ausdauernd, teilweise sogar fast die gesamte Nacht hindurch. Ich fand fünf Gelege, die allesamt in kleinen Vertiefungen in unmittelbarer Nähe zum Wassergraben abgesetzt worden waren. Meist lagen diese Vertiefungen unter der Wurzel oder waren von oben durch Vegetation geschützt. Die Gelege bestanden aus 22–48 Eiern und entwickelten sich nur langsam, sodass ich erst sechs Tage nach dem Ablaichen sicher sein konnte, dass sie

Mantella nigricans ist gut getarnt
Foto: A. Altenmüller

befruchtet waren und sich entwickelten. Erstaunlich war zu beobachten, dass die Männchen meist in unmittelbarer Nähe der Gelege blieben und sie zu bewachen schienen.

Weitere fünf Tage später entnahm ich die Gelege und zeitigte sie vorsichtig in einer kleinen Dose. Erst 17 Tage nach der Eiablage begannen die Quappen bei einer Temperatur von 20 °C frei zu schwimmen. Ich hatte bereits in den ersten Tagen eine große Ausfallrate zu beklagen, da sie nicht wie die vorher von mir gezüchteten Larven anderer Arten *Spirulina*-Futtertabletten fraßen. Der Versuch, unterschiedliche Fischfutterarten anzubieten, zeigte ebenfalls keinerlei Erfolg. Erst als ich mehrere Quappen in den Wasserteil meines Schaubeckens setzte, konnte ich deutliches Fressverhalten beobachten: Sie befreiten die Scheiben von Algen und durchwühlten dem Mulm zwischen dem Kies des Bodengrundes. Dennoch blieb die Entwicklung sehr langsam. Die heranwachsenden Quappen konnte ich öfter dabei beobachten, wie sie bis zu 4 mm an der senkrechten Glasscheibe empor aus dem Wasser „kletterten“.

Ich hatte weiterhin große Probleme mit der Fütterung der Quappen und musste leider bis etwa acht Wochen nach dem Schlupf bis zu 90 % Verlust hinnehmen. Die Hinterbeine waren bei einer Wassertemperatur von 20 °C und einer Körperlänge von 3 cm erst nach etwa 90 Tagen zu erkennen. Die Metamorphose erfolgte erst nach über 240 Tagen, wobei der einzige verbleibende Landgänger kurz nach dem Landgang starb, da er schlicht zu schwach war.

Am 29.05.13 fand ich erneut ein Gelege, das bereits mindestens 2 Wochen zuvor abgelegt worden sein muss. Es befanden sich noch 13 lebende, bereits dunkel verfärbte Quappen mit einer Körperlänge von 9 mm in der verflüssigten Gallertmasse. Abgestorbene oder nicht entwickelte Eier waren nicht zu erkennen, was mich vermuten lässt, dass die überlebenden Quappen diese als Nahrung genutzt haben könnten. Wie bereits bei den vorherigen Gelegen fand ich kein adäquates Futter, das von den Quappen angenommen wurde. Keine von ihnen schaffte es bis zur Metamorphose.

Mantella pulchra

Verbreitung
Ambavala, An'Ala, Andekaleka, Antsihanaka, Fierenana, Folohy (Glaw & Vences 2007).

Größe
Männchen können 22–23 mm groß werden, während die Weibchen eine Körperlänge von 21–25 mm erreichen (Glaw & Vences 2007). Staniszewski (2001) gibt für Weibchen eine Körperlänge bis zu 27 mm an, für Männchen bis 25 mm.

Beschreibung
Die Körperform ist eher gedrungen. Rücken und die Flanken sind bronzefarben bis braun, wobei die Färbung im Schnauzen- und Augenbereich häufig deutlich heller ist als im hinteren Rückenbereich und in Richtung Unterseite zu verblassen scheint. Zwischen der Färbung der Ober- und derjenigen der Unterseite ist eine Grenze vorhanden, die im Bereich von Kopf und Schultern deutlich besser zu erkennen ist als weiter hinten. Die Oberseite der Hand, des Humerus, des Fußes und des Unterschenkels ist hellbraun und mit dunkelbraunen Querstreifen versehen. Der Humerus und der Oberschenkel sind gelb oder grün, in manchen Populationen blau. Die recht großen Flankenflecken, die durch die erwähnte Grenze zwischen Oberseiten- und Flankenfärbung begrenzt sind, haben dieselbe Färbung und reichen nicht bis auf den Rücken. Im Kniekehlenbereich sind blutrote Schenkelflecken zu erkennen. Die Iris ist im oberen Bereich hell pigmentiert. Bauchpartie, Kehle, Unterseite der Vorderbeine sowie des Oberschenkels sind dunkelbraun bis schwarz, mit rundlichen, bläulich gefärbten Punkten. Im Kehlbereich ist eine Hufeisenzeichnung zu erkennen, die sich bei Männchen über die komplette Kehle erstrecken kann. Der Unterschenkel zeigt eine eine deutliche orangefarbene Zeichnung, die sich über das Knie bis in

Mantella pulchra
Foto: A. Altenmüller

den körperfernen Bereich ausbreiten kann. Bei der Konservierung verändert sich diese Färbung: Ein Teil wird leuchtend rot, der andere weiß, mit einer scharfen Grenze dazwischen. Dieses Phänomen konnte, wenn auch nicht so stark ausgeprägt, bei Exemplaren von *M. madagascariensis* ebenfalls beobachtet werden (Glaw & Vences 2007).

Bei eigenen Nachzuchttieren erscheinen die Schenkelflecken ähnlich wie bei Nachzuchten von *M. aurantiaca* und *M. madagascariensis* wie ausgeblichen und sind meist gelb, auch wenn beide Elterntiere leuchtend rote Schenkelflecken zeigen.

Ähnlich aussehende Arten

Der Rücken von *M. nigricans* ist in Teilen grün gefärbt oder zumindest gesprenkelt. Die grüne Zeichnung der Flankenflecken erstreckt sich über die Oberseite der Oberarme bis auf die Unterarme. Während *M. pulchra* leuchtend orangerote Schenkelflecken besitzt, die sich bis auf die Unterseite der Unterschenkel erstrecken, ist dies bei *M. nigricans* nicht der Fall. Die Oberseite der Unterschenkel ist bei *M. nigricans* deutlicher gebändert als bei *M. pulchra*.

Die Färbung von *M. madagascariensis* ist auf dem Rücken einheitlich schwarz. Auf dem Kopf ist ein deutlicher heller Kranz zu sehen, der sich über die Augen bis zur Schnauze zieht. Die Oberseite der kompletten Vorderbeine ist gelb gefärbt. Die Oberseite der Unterschenkel ist orange, häufig mit schwarzen Querstreifen.

Wie bei *M. madagascariensis* ist der Rücken von *M. baroni* einheitlich schwarz gefärbt. Auf dem Kopf ist ebenfalls ein deutlicher heller Kranz zu sehen, der sich über die Augen bis zur Schnauze zieht. Die Oberseite der kompletten Vorderbeine ist gelb, die Oberseite der Unterschenkel ist ebenfalls orange mit schwarzen Querstreifen.

Der Rücken von *M. haraldmeieri* ist gleichfalls hellbraun gefärbt, zeigt allerdings dunkle Flecken in Y-, Herz- oder dreieckiger Form, während der Rücken von *M. pulchra* keine dunkleren Flecken aufweist. Die Hinterbeine von *M. haraldmeieri* sind hellorange, Schenkelflecken sind nicht vorhanden (vergl. Glaw & Vences 2007).

Unterseite von *Mantella pulchra*
Foto: A. Altenmüller

Gelege von *Mantella pulchra*
Foto: A. Altenmüller

Quappe von *Mantella pulchra* etwa drei Wochen nach dem Schlupf
Foto: A. Altenmüller

Gelegegröße

Gelege umfassen 35–61 Eier mit einem Durchmesser von 1,68–2,05 mm (TESSA et al. 2009). Eigene Gelege meiner Zuchtgruppe zählten 17–62 Eier und waren weiß. Bereits nach zwei Tagen zeigen die Eier deutliche Anzeichen einer Entwicklung.

Aussehen der Quappen

Bereits 6–8 Tage nach der Eiablage schlüpften bei mir die zu diesem Zeitpunkt gräulich braunen Quappen und begannen weitere drei Tage später frei zu schwimmen und zu fressen. Die Hinterbeine sind etwa 28 Tage nach dem Schlupf erkennbar. Die Metamorphose ist nach 60–79 Tagen abgeschlossen.

Aussehen der Jungfrösche

Meine etwa 9 mm großen Landgänger haben eine einheitlich bronzebraune bis hellbraune Rückenfärbung, die einzelne helle Punkte aufweisen kann. Am noch vorhandenen Schwanzrest sind diese hellen Punkte zahlreich und geben ihm dadurch eine insgesamt hellere Färbung. Die Flanken sind dunkler und eher braun gefärbt. Die Vorderbeine sind einheitlich beige, die Hinterbeine kupferfarben bis rötlich braun, mit dunkleren Querstreifen. Die Bauchseite ist durchsichtig.

Sechs Wochen nach der Metamorphose beginnen sich vom Vorderbeinansatz her die Flankenflecken auszubilden. Die Oberseite des Oberschenkels färbt sich gelblich, während Unterschenkel und Füße rötlich werden. Die Bauchseite ist dunkelbraun bis schwarz und zeigt einzelne helle Punkte, die sich später zu den erwähnten bläulichen Flecken entwickeln.

Die Umfärbung ist etwa vier Monate nach der Metamorphose abgeschlossen, wobei die Schenkelflecken nicht die leuchtende orangerote Färbung wie bei Wildfangtieren zeigen, sondern gelblich sind. Interessant ist, dass Tiere mit steifen Kniegelenken dort keine Zeichnung zeigen.

Landgänger von *Mantella pulchra*
Foto: A. Altenmüller

Rufe

Die Rufe bestehen aus einer Serien von 2–3 einzelnen kurzen Klicklauten, die etwa 700 ms auseinander liegen (Staniszewski 2001). Die Frequenz der Rufe beträgt 3–9 kHz (Andreone 1992).

Die Rufe meiner Gruppe kamen mir im Vergleich zu denen anderer Gattungsvertreter immer verhältnismäßig leise vor.

Schutzstatus nach IUCN

Vulnerable (gefährdet)

Nickelabbau in der Nähe eines Habitats von *Mantella pulchra*
Foto: A. Altenmüller

Hauptbedrohung und Schutzmaßnahmen nach IUCN

Die Hauptursachen für den Rückgang der Wälder, in denen die Frösche leben, sind Holzeinschlag, Grasen von Weidevieh, Anbau von Lebensmitteln, Köhlerei, Ausbreitung von Eukalyptus und Besiedelung durch den Menschen.

Die Art lebt in mehreren geschützten Gebieten, wird in unterschiedlichen Einrichtungen erfolgreich gezüchtet und steht auf Anhang B des Washingtoner Artenschutzabkommens (Raxworthy & Glaw 2004).

Wie wir bei einem Besuch des Habitates östlich von Andasibe 2009 feststellen konnten, führt einige hundert Meter weiter eine Nickelpipeline durch den Regenwald.

Geschlechtsunterschiede

Die Männchen sind laut Staniszewski (2001) deutlich kleiner und zeigen eine Farbänderung an den Flankenflecken, wenn sie erregt sind. Weibchen sind ihm zufolge deutlich dunkler, können sogar komplett schwarz sein, besonders vor der Eiablage.

Die Beobachtung der Farbänderung der Flankenflecken der Männchen sowie der Weibchen vor der Eiablage kann ich allerdings nicht bestätigen.

Lebensweise, Haltung und Zucht

Die Habitate von *M. pulchra* liegen laut Glaw & Vences (2007) in vor allem primären Regenwaldgebieten entlang von Fließgewässern und angeschlossenen Sümpfen, wo die Tiere am Tag aktiv in der feuchten Laubschicht zu finden sind.

Staniszewski (2001) schreibt, dass die Habitate in Höhenlagen von 400 bis über 1.100 m ü. NN liegen. Dort bewohnt *M. pulchra* ähnliche, teilweise dieselben Habitate wie *M. baroni*.

Im Januar 2009 suchten Dr. Rainer Dolch, Hellmut Kurrer, meine Frau und ich mit einem einheimischen Guide *M. pulchra* im Gebiet um Vohimana bei Andasibe. Wir liefen entlang der Nickelpipeline, die von Ambatovi aus nach Tamatave gebaut wurde. Erschreckend war, dass die Pipeline nur einige hundert Meter am Habitat von *M. pulchra* vorbeiführt. Wir suchten die Mantellen erst im Uferbereich entlang eines kleinen Flusses, wo sich nach Angaben des Guides die Frösche gewöhnlich aufhalten. Allerdings war dort kein einziger Frosch zu finden, und wir gingen deshalb etwa 200–250 m den Weg zurück, der einen leicht ansteigenden Berghang hinaufführte. Dort entdeckten wir einige Exemplare in der Laubschicht am Waldboden, wo sie sich – durch

Habitat von *Mantella pulchra* und dort gefundener Frosch
Fotos: A. Altenmüller

ihre Färbung gut getarnt – zwischen heruntergefallenen Blättern aufhielten. Da das Flüsschen das nächstgelegene Gewässer war und durch die Hanglage eine Bildung von Pfützen in der Regenzeit nicht möglich ist, scheinen die Frösche zwischen dem Gewässer und dem Fundort am Hang zumindest in der Laichzeit zu wandern.

Ich halte meine Gruppe in einem Gesellschaftsbecken mit *M. laevigata*. Diese Konstellation wählte ich, da ich eine Gruppe *M. pulchra* von 20 Fröschen hatte, die ich in einem geräumigen Terrarium mit einer großen Bodenfläche unterbringen wollte und sich hierfür ein Becken von 135 x 50 x 70 cm (Länge x Tiefe x Höhe) anbot, das aufgrund der Höhe auch für eine Gruppe *M. laevigata* aus eigener Nachzucht geeignet war.

Das Standardterrarium wurde mit einer „Landschaft" aus Styropor ausgestattet, der später mit Epoxidharz bestrichen und mit Torf beklebt wurde. Die Einrichtung wurde mit Torfsoden und einer Mangrovenwurzel sowie einem Xaximstamm als Klettermöglichkeit komplettiert. Die Seitenwände und die Rückwand wurden mit Xaximplatten beklebt. Ich wählte neben kleinen Farnen eine kleine Fikusart (*Ficus pumila*) zur Bepflanzung, um meinen *M. pulchra* die nötige dauerhafte Bodendeckung bieten zu können, die sie in ihrem natürlichen Habitat durch Falllaub vorfinden. Zusätzlich bieten Moos sowie Eichenblätter Versteckmöglichkeiten, die *M. pulchra* gerne nutzt. Besonders Männchen graben sich kleine Vertiefungen in den Bodengrund oder kleine Höhlen in die Torfsoden.

In den Wintermonaten wird das Becken ein- bis zweimal pro Woche per Hand beregnet, um den Pflanzen, die die Rückwand und die Seitenwände sowie den Xaximstamm bewachsen haben, ausreichend Feuchtigkeit zukommen zu lassen. Ansonsten halte ich die Frösche in dieser Phase relativ trocken und senke die Temperaturen im Bodenbereich auf etwa 17 °C ab. Die Tageslichtdauer wird auf zehn Stunden reduziert.

Im April erhöhe ich die Tageslichtdauer auf 12–13 Stunden und steigere die Temperaturen im Bodenbereich auf 24 °C. Im oberen Terrarienbereich können Werte bis 34 °C herrschen, doch sind die *M. pulchra* in diesen Bereichen dann nicht zu finden. Tägliches Benebeln des Beckens und/oder Beregnen, das mehrfach am Tag durchgeführt wird, halten die Luftfeuchtigkeit in hohen Bereichen über 75 %.

Nach 2–3 Wochen beginnen die Männchen erst unregelmäßig, dann häufiger zu rufen, wobei sie dabei meist in ihren von Moos bedeckten Kuhlen sitzen, die sie zuvor gegraben haben. Die Gelege werden ebenfalls in diesen Kuhlen abgesetzt und können 17–62 Eier beinhalten. Ich hatte immer wieder Gelege, die zahlreiche Gallertkugeln enthielten, in denen kein Nukleus enthalten war. Die Ursache hierfür ist mir unbekannt, allerdings entwickelten sich die normalen Eier und Quappen unauffällig. Die Eier zeigen bereits nach zwei Tagen deutliche Anzeichen einer Entwicklung. Schon 6–8 Tage nach der Eiablage schlüpfen die dann gräulich braunen Quappen und beginnen weitere drei Tage später frei zu schwimmen und *Spirulina*-Futtertabletten zu fressen.

Die Gelege entnehme ich wie üblich vorsichtig dem Terrarium, sobald die Quappen gut erkennbar sind, und überführe sie in eine kleinen Dose, in der ich den Wasserstand so weit erhöhe, dass das Gelege nicht ganz mit Wasser bedeckt ist. Die ersten Quappen lösen sich schon beim Zuführen des Wassers aus dem Gelege. Haben sich einige Tage später alle Larven aus der Gallertmasse befreit, lege ich kleine Stücke von Seemandelbaumblättern in das Wasser, die den Quappen Schutz bieten. Etwa eine Woche nach dem Schlupf, wenn die Quappen eine dunkelbraune Färbung angenommen haben und sich deutlich aktiver bewegen, werden sie in ein größeres Gefäß umgesetzt, in das mehrere größere Stücke von Seemandelbaumblättern kommen.

Zur Aufzucht nutze ich wie bei den meisten anderen *Mantella*-Quappen Teichwasser, das täglich gewechselt wird. Die Quappen scheinen sehr anspruchsvoll zu sein, was die Wasserqualität angeht. Leider hatte ich besonders bei meinen *M.-pulchra*-Quappen viele Landgänger, die steife Kniegelenke aufwiesen, wobei interessanterweise oft nur ein Teil der Tiere von diesem Phänomen betroffen war.

Die Metamorphose ist bei Wassertemperaturen um die 20 °C nach 60–79 Tagen abgeschlossen. Die Jungfrösche messen etwa 9 mm und können zu Beginn nur Springschwänze als Futter überwältigen. Sie halten sich ähnlich wie Landgänger von *M. aurantiaca* in Versteckplätzen unter Blättern, Moos und Torfstückchen auf, wo sie auf vorbeikommende Futtertiere warten. Erst 8–10 Wochen nach der Metamorphose beginnen sie sich umzufärben und aktiver im Terrarium nach Futter zu suchen. Ich empfehle, die Frösche die ersten drei Monate täglich zu füttern, um eine hohe Futtertierdichte zu gewährleisten, ob man nun eine größere Anzahl Jungtiere in Becken von 100 x 50 cm Grundfläche oder weniger Exemplare in Terrarien mit kleinerer Grundfläche hält.

Probleme bei der Haltung

Die Haltung der Adulten bereitet keinerlei Probleme. Lediglich bei der Aufzucht der Quappen hatte ich immer wieder Schwierigkeiten. Bei schlechter Wasserqualität oder zu dichtem Besatz entwickelten etliche Exemplare steife Knie- und/oder Hüftgelenke.

Mantella viridis

Verbreitung:
Antongonbato, Montangne de Francaise (Glaw & Vences 2007).

Größe
Die meist kräftigeren Weibchen werden 27–30 mm groß, die meist schlankeren Männchen 22–25 mm (Glaw & Vences 2007).

Beschreibung
Die Körperfärbung variiert auf dem Rücken und den hinteren zwei Dritteln der Flanken von Gelb bis hin zu einem kräftigen Türkisgrün. Der vordere Teil der Flanken ist schwarz, mit einem weißen oder cremefarbenen Zügelstreifen über der Oberlippe, der bis zur Schnauzenspitze reicht. Die Seite des Kopfs ist von der Schnauze bis zum Ende des Kopfes schwarz gefärbt. Die Iris ist in der unteren Hälfte schwarz, in der oberen golden gefärbt. Der Bauch ist schwarz und mit weißen oder bläulichen Flecken versehen, die Kehlregion weist eine weißliche Hufeisenzeichnung auf (Glaw & Vences 2007).

Zwischen den Laichperioden sind die Tiere bei mir oft am ganzen Körper bräunlich gefärbt und so vom Erdreich kaum zu unterscheiden.

Glaw & Vences (2007) beschreiben einen Frosch unter dem Namen *Mantella* sp. aff. *viridis* „Ankarana", der wie der Name schon sagt in Ankarana sein Verbreitungsgebiet hat. Die

Mantella viridis
Foto: A. Altenmüller

Unterseite von *Mantella viridis*
Foto: A. Altenmüller

Form steht sowohl *M. viridis* als auch *M. ebenaui* sehr nahe, kann bis heute aber keiner der beiden genau zugeordnet werden. Ein Status als eigene Art kommt diesen Fröschen Glaw & Vences zufolge nicht zu. Sie sehen *M. ebenaui* sehr ähnlich, können aber einen gelben Rücken ohne Rautenmuster haben. Der hintere Anteil des Rückens, die Flanken und große Anteile der Hinterbeine können rötlich braun gefärbt sein. Der Zügelstreifen reicht bis zur Schnauzenspitze. Die Bauchseite ist schwarz, mit blauen Flecken, die sich bis auf die Kehlregion erstrecken können.

Ähnlich aussehende Arten

Mantella viridis und *M. expectata* können sich in der Ruhephase bräunlich verfärben. Jedoch sind die Vorderbeine von *M. viridis* deutlich schlanker als die von *M. expectata*.

Glaw & Vences (2007) beschreiben eine *Mantella*-Form als *Mantella* sp. aff. *viridis* „Ankarana". Sie ist auf den ersten Blick von *M. ebenaui* und *M. betsileo* nicht zu unterscheiden. Generell ist der Rückenbereich von *M. ebenaui* hellbraun gefärbt. Die Grenze zwischen der Färbung der Ober- und derjenigen der Unterseite ist stark ausgeprägt. Die Flanken sind schwarz gefärbt.

Mantella betsileo: siehe *M. ebenaui*

Gelegegröße

Angaben über die Gelegegröße variieren recht stark. Laut Tessa et al. (2009) können die Gelege aus 88–167 Eiern bestehen. Der Eidurchmesser beträgt 1,68–2,00 mm. Staniszewski (2001) dagegen gibt an, die Gelege umfassten 15–60 grünlich gelbe Eier mit einem Durchmesser von 2,2 mm.

Die bei mir abgesetzten Gelege waren weiß und umfassten 41–73 Eier. Bereits 36–48 Stunden nach der Eiablage sind die ersten

Mantella sp. aff. *viridis* „Ankarana"
Foto: A. Hartig

Anzeichen einer Entwicklung zu erkennen.

Zwei Tage altes Gelege von *Mantella viridis*
Foto: A. Altenmüller

Aussehen der Quappen

Die Quappen sind meinen Beobachtungen zufolge im Ei weiß gefärbt, nehmen aber wie alle anderen mir bekannten *Mantella*-Quappen nach dem Schlupf eine gräulich braune Färbung an. Mit zunehmender Entwicklung färben sie sich bräunlich mit goldenen Tupfen. An der Oberkante des Schwanzes befindet sich kurz hinter dem Ansatz eine helle Stelle. Vor dem Durchbrechen der Vorderbeine verlieren sich die goldenen Tupfen, und es bildet sich das für viele *Mantella*-Quappen typische rautenförmige Muster auf dem Rücken. Die Metamorphose war nach 55–76 Tagen abgeschlossen.

Aussehen der Jungfrösche

Meine Jungfrösche variierten in der Körperlänge von 5–13 mm, je nachdem, ob sie als Quappen im Wasserteil des Terrariums der Elterntiere oder in einem separaten Quappenbecken aufgezogen wurden.

Direkt nach der Metamorphose sind die Frösche auf Kopf und Rücken braun gefärbt, wobei das dunklere Rautenmuster nach wie vor gut sichtbar ist. Die Flanken sind von der Schnauze bis zum Schwanzansatz schwarz mit hellen Tupfen, die sich nach den ersten Wochen komplett verlieren. Die Iris ist im oberen Teil hell pigmentiert, der übrige Bereich ist schwarz. Die Vorderbeine sind hellbeige gesprenkelt, die Hinterbeine sind dunkelbeige bis dunkelbraun gesprenkelt. Der Bauch ist durchsichtig (vgl. Glaw et al. 2000), wodurch die Organe gut sichtbar sind. Nach etwa vier Wochen beginnt sich die Rückenpartie erst beige, dann gelb zu färben, wobei das Rautenmuster 6–9 Monate lang sichtbar sein kann, bevor es allmählich verblasst. Der Zügelstreifen ist bei der Metamorphose bereits angedeutet am Vorderbeinansatz zu erkennen und verstärkt sich mit der Zeit, bis er nach etwa vier Wochen komplett ausgebildet ist.

Laut Glaw et al. (2000) geht der Oberlippenstreifen in einen runden, hellen Fleck über. Sie beschreiben auch, dass nach etwa acht Wochen die netzartige Blauzeichnung auf der Bauchseite ebenso wie die hufeisenförmige Färbung entlang des Unterkieferrandes ausgebildet ist. Ebenfalls erwähnen sie wie auch Zimmermann (1992), dass die Landgänger direkt nach der Metamorphose von Jungtieren von *M. betsileo* nicht zu unterscheiden sind.

Die durchsichtige Bauchseite eines Landgängers von *Mantella viridis*
Foto: A. Altenmüller

Quappe von *Mantella viridis* etwa 40 Tage nach dem Schlupf
Foto: A. Altenmüller

Rufe

Die Rufe der Männchen meiner Gruppe sind verhältnismäßig laut und bestehen aus Serien kurzer Doppelklicklaute (vgl. Glaw & Vences 2007). Teilweise rufen die Männchen sehr ausdauernd stundenlang mit kürzeren Pausen.

Schutzstatus nach IUCN

Critically Endangered (vom Aussterben bedroht)

Hauptbedrohung und Schutzmaßnahmen nach IUCN

Die Hauptursachen für den Verlust der Lebensräume sind Feuer, selektiver Holzeinschlag, das Sammeln von Feuerholz, das Grasen von Weidevieh sowie das permanente Austrocknen kleinerer Flüsse als Folge der Abholzung von Wäldern. Das Absammeln der Frösche für den Handel scheint weniger eine Gefahr darzustellen.

Die Art lebt laut D'Cruze et al. (2008) im Schutzgebiet Fôret d'Ambre Special Reserve und steht auf Anhang B des Washingtoner Artenschutzabkommens (Andreone et al. 2004).

Landgänger von *Mantella viridis*
Foto: A. Altenmüller

Geschlechtsunterschiede

Weibchen sind meist deutlich größer und kräftiger als die Männchen. Die Hufeisenzeichnung in der Kehlregion der Männchen ist gewöhnlich deutlicher ausgeprägt und beim Rufen gut sichtbar. Bei adulten Männchen sind die Oberschenkeldrüsen als weiß gefärbte Fläche an der Unterseite der Oberschenkel gut sichtbar, die Ovarien der Weibchen sind nicht durch die Bauchdecke zu erkennen.

Laut Staniszewski (2001) können bei starkem Licht bei Männchen mit einer heller gefärbten Bauchseite die Wolf'schen Gänge zu sehen sein.

Lebensweise, Haltung und Zucht

Mantella viridis besiedelt laut Glaw & Vences (2007) kleine, trockene Waldstücke in der Nähe temporärer Flussbetten, in denen die Tiere während der Regenzeit tagsüber zu finden sind.

Die von mir gehaltenen Exemplare leben in der Trockenzeit sehr versteckt und nehmen eine bräunliche Färbung an, die sich über den ganzen Körper ausdehnen kann. Die Frösche halten sich zwar meist in Bodennähe auf, können aber auch recht häufig in höheren Terrarienbereichen zu finden sein, teilweise 80 cm über dem Boden. Das Terrarium sollte für eine Gruppe von 10–12 Tieren eine Mindestgröße von 100 x 50 x 70 cm (Länge x Tiefe x Höhe) haben. Die Einrichtung sollte auf jeden Fall einen Bachlauf enthalten, da dies für die Paarungsbereitschaft sehr wichtig ist.

Der Bodengrund besteht bei mir aus Weißtorf, für die Rückwände verwende ich Xaxim. Es muss ein ausgewogenes Verhältnis zwischen Versteckplätzen und offenen Flächen gefunden werden, da die Frösche bei zu vielen Versteckmöglichkeiten sehr wenig zu sehen sind.

Die Haltungstemperaturen sollten zwischen 18 und 25 °C liegen. Zur Auslösung der Paarungsbereitschaft werden die Temperaturen erhöht und das Terrarium täglich bis zu dreimal beregnet. Zudem sollte der Bachlauf aktiviert oder die Fließmenge des Wassers deutlich erhöht werden. Die Männchen beginnen daraufhin besonders in den Morgenstunden verstärkt in Gewässernähe zu rufen, wobei sie in ihrem „Rufrevier“ nicht, wie z. B. *Mantella aurantiaca*, bestimmte Versteckplätze für die Eier zu haben scheinen. Bis zu drei Männchen rufen in unmittelbarer Nähe zueinander, ohne aggressives Verhalten zu zeigen.

Jungfrösche von *Mantella viridis* klettern viel und gern
Foto: A. Altenmüller

Die im Vergleich zu den Weibchen relativ große, helle Hufeisenzeichnung im Kehlbereich scheint den Weibchen zusätzlich zu den für Mantellen relativ lauten Doppelklick-Rufen ein visuelles Signal zu geben.

Die Gelege sind walnussgroß und enthalten bei mir 41–73 Eier, die für Mantellen verhältnismäßig groß sind. Sie werden in Gewässernähe in kleinen Verstecken oder unter Laub bzw. Moospolstern abgelaicht. In der Natur werden die Eier wahrscheinlich durch die täglichen Regenfälle und die dadurch ansteigenden Wasserpegel der Flüsschen überspült und so gezeitigt. Laut Vences & Glaw (2007) sind die Quappen im natürlichen Habitat häufig in kleinen Gewässerresten fast ausgetrockneter Fluss- und Bachläufe zu finden.

Rufendes Männchen von *Mantella viridis*
Foto: A. Altenmüller

Unter Terrarienbedingungen gibt es bei anderen Mantellen sehr häufig Gelege, die sich nicht entwickeln oder absterben und verpilzen. Dieses Problem hatte ich bei *M. viridis* bisher noch nicht. 2009 erzielte ich insgesamt zwölf Gelege dieser Art. Erstaunlicherweise waren alle zu mindestens 95 % befruchtet, die meisten sogar zu 100 %, was für Mantellen eher ungewöhnlich ist. Bei einigen wenigen Gelegen magerten allerdings ca. 50 % der Quappen nach dem Aufbrauchen des Dotters ab und starben.

Je nach Temperatur ist nach zwei Tagen eine deutliche Entwicklung der weißen Eier zu erkennen. Ich entnehme die Gelege vorsichtig aus dem Terrarium, sobald die Quappen anfangen, sich in der Gallertmasse zu bewegen. Die weißen Quappen schlüpfen nach weiteren 3–5 Tagen aus der Gallerthülle und ernähren sich ca. weitere 3–4 Tage von ihrem Dotter, bevor sie frei schwimmen und sich gräulich braun verfärben. Die entnommenen Gelege werden zunächst in kleine Dosen überführt, in denen der Wasserstand zunächst nur wenige Millimeter beträgt. Mit zunehmender Aktivität der Quappen wird der Wasserstand so erhöht, dass das Gelege komplett vom Wasser bedeckt ist. 1–2 Wochen nachdem die die Quappen begonnen haben, frei zu schwimmen, werden sie in größere Aufzuchtbecken mit etwa 5 cm Wasserstand überführt. Ich wechsle täglich das Wasser, wobei ich auch hier Teichwasser zur Aufzucht benutze. Als Futter dienen *Spirulina*-Futtertabletten.

Nach ca. 8–11 Wochen verlassen die 5–13 mm großen, noch braun gefärbten Jungfrösche das Wasser. Wie bereits beschrieben, können die Quappen in der Gallerthülle bis zu vier Wochen an Land überleben, bevor das Gelege gezeitigt wird. Staniszewski (2001) beschreibt bei zu kleinen Aufzuchtbehältern

Kannibalismus unter den Quappen, was ich allerdings bisher noch nicht beobachten konnte.

Nach der Metamorphose ist es wichtig, ausreichend Kleinstfutter wie Springschwänze und *Drosophila* zu bieten. Die Jungfrösche wachsen im Vergleich zu anderen *Mantella*-Arten verhältnismäßig schnell und bekommen ebenfalls recht rasch die typische gelbe Rückenfärbung der adulten Tiere, wobei noch 6–9 Monate nach der Metamorphose das angedeutete Rautenmuster auf ihrem Rücken erkennbar sein kann.

Junge *M. viridis* sind wahre Fressmaschinen und müssen regelgerecht im Futter stehen. Im Verhältnis zu ihrer Körpergröße bewältigen sie meist recht große Futtertiere, was auch für adulte Tiere typisch ist.

Interessant ist, dass meine Jungfrösche beim Beregnen des Terrariums sofort beginnen, erhöhte Plätze im Terrarium aufzusuchen oder an der Terrarienwand emporzuklettern. Dieses Verhalten, das bei adulten Tieren nicht zu beobachten ist, konnte ich sonst nur bei Jungfröschen von *M. expectata* beobachten. Eine Erklärung wäre das Leben dieser beiden Arten in trockenen Fluss- oder Bachbetten. Bei Regenfällen könnten die Wasserstände rasch steigen und das Ertrinken der Frösche zur Folge haben, wenn sie nicht rechtzeitig nach oben klettern.

Meine Nachzuchten waren erst nach 18–24 Monaten geschlechtsreif.

Die von Glaw & Vences (2007) unter dem Namen *Mantella* sp. aff. *viridis* „Ankarana" beschriebenen Frösche leben in relativ trockenen Karst-Habitaten im Ankarana-Massiv. Laut Glaw & Vences sind die Frösche am Ende der Trockenperiode nachts am Eingang einer Höhle zu finden. In der Regenzeit dagegen sind sie meist tagsüber aktiv.

Von Arne Hartig erhielt ich im Jahr 2012 Fotos, die in der Umgebung von Analamerana entstanden. Die Frösche aus dieser Region sehen denen aus Ankarana sehr ähnlich. Hartig (pers. Mittlg.) fand die Frösche im Uferbereich eines Baches in der Nähe von Ankarana. Es war für ihn überraschend, die Tiere gegen 17:00 Uhr in einem Trockenwald ohne Bach oder ähnliches Gewässer in der Nähe an einer lediglich etwas feuchteren Stelle zu finden.

Häufige Schwierigkeiten bei der Haltung

Mantella viridis ist eine sehr versteckt lebende Art, die sich nur bei optimalen Klimabedingungen und während der Paarungszeit zu zeigen scheint, dann bevorzugt in den Morgen- oder Abendstunden, seltener um die Mittagszeit. Ich habe im Glauben, die gesamte Gruppe verloren zu haben, mehrmals meine Terrarien komplett ausgeräumt, um dann in den hintersten Winkeln und Ecken des Terrariums alle Tiere wohlgenährt und dreckig braun gefärbt wiederzufinden. Auch wenn diese Froschart ein sehr schönes Erscheinungsbild haben kann, ist sie für Schauterrarien eher nicht geeignet.

Besonders Jungfrösche sind sehr anfällig, was geringe Temperaturen angeht. Ich habe in einem Winter über 100 Nachzuchten verloren, da die Temperatur in den Aufzuchtbecken nicht über 17 °C lag. Hohe Temperaturen hingegen scheinen dieser Art auch bei den Jungfröschen eher keine Probleme zu bereiten.

Mantella viridis zeigt sich nicht gerne im Terrarium
Foto: A. Altenmüller

Mantella sp. aff. *viridis* „Analamerana"
Foto: A. Altenmüller

Weitere Informationen

Zur Vertiefung der in diesem Buch gegebenen Informationen und zum weiteren Einblick in terraristische und herpetologische Themenbereiche empfehlen sich die Mitgliedschaft in einem Verein gleichgesinnter Terrarianer sowie ein intensives Literaturstudium. Die folgenden Auflistungen sollen dabei behilflich sein, einen Einstieg in die Thematik zu finden, können aber natürlich nur einen kleinen Ausschnitt aufzeigen.

Vereine und Interessengruppen

Deutsche Gesellschaft für Herpetologie und Terrarienkunde e. V. (DGHT)

Die Deutsche Gesellschaft für Herpetologie und Terrarienkunde ist die weltweit größte Gesellschaft ihrer Art und bringt Wissenschaftler und Hobby-Terrarianer zusammen. Mitglieder erhalten zweimonatlich verschiedene herpetologisch/terraristische Zeitschriften wie die „TERRARIA/elaphe" oder die „Salamandra". Innerhalb der DGHT existiert die AG Anuren (www.anuren.de), deren Mitglieder sich vor allem mit tropischen Pfeilgiftfröschen (Dendrobatiden), aber auch mit allen anderen Froschlurchen beschäftigen. Die AG leistet einen wichtigen Beitrag zum Artenschutz, insbesondere durch die Unterstützung von Erhaltungsnachzuchten. Gemeinsam mit der AG Urodela gibt sie halbjährlich die eigene Zeitschrift „amphibia" heraus und veranstaltet jährliche Fachtagungen mit eigenen Froschbörsen.

DGHT-Geschäftsstelle
N4, 1
68055 Mannheim
Tel.: 0621-86256490, Fax: 0621-86256492
Email: gs@dght.de, www.dght.de

DGHT-AG Anuren
Ulrich Schmidt
Bergheimer Str. 108
41515 Grevenbroich
Tel.: 02181-62263
Email: ulrich@schmidtshome.de

Vivaristische Vereinigung e. V. (ViVe)

ViVe – Geschäftsstelle
Rheinfährstr. 14
41468 Neuss
Tel.: 02131-664203
Fax: 02131-664204
Email: gs@viveweb.de, www.viveweb.de

Stiftung Artenschutz

Sentruper Straße 315
48161 Münster
Tel.: 0251-8570057 oder 8570054
Fax: 0251-8570053
E-Mail: office@stiftung-artenschutz.de
www.stiftung-artenschutz.de

Zoologische Gesellschaft für Arten- und Populationsschutz e. V. (ZGAP)

Dr. Florian Brandes
Hohe Warte 1
31553 Sachsenhagen
Tel.: 05725-708730
Fax: 05725-708740
E-Mail: info@zgap.de, www.zgap.de

Untersuchungsstellen

Kotproben, Sektionen und andere Untersuchungen können von spezialisierten Tierärzten oder von veterinärmedizinischen Untersuchungsstellen, die es in vielen Städten gibt, vorgenommen werden. Eine Liste mit Tierärzten, die sich mit Reptilien und Amphibien beschäftigen, kann über die DGHT bezogen oder auf www.dght.de eingesehen werden.

Überregional bekannte Untersuchungsstellen

Landesbetrieb Hessisches Landeslabor
Abteilung Veterinärmedizin
Schubertstraße 60 – Haus 13, 35392 Gießen
Tel.: 0641-48005219
tobias.eisenberg@lhl.hessen.de
www.lhl.hessen.de

Exomed
Postfach 600164, 10251 Berlin
Tel.: 030/51067701
E-Mail: labor@exomed.de
www.exomed.de

Chemisches und Veterinäruntersuchungsamt Ostwestfalen-Lippe
Westerfeldstr. 1, 32758 Detmold
Tel.: 05231-9119
E-Mail: poststelle@cvua-detmold.nrw.de
www.cvua-owl.nrw.de

Vet Med Labor GmbH
Mörikestraße 28/3, 71636 Ludwigsburg
Tel.: 01802-838633
E-Mail: info@vetmedlabor.de
www.vetmedlabor.de
(für privat nur über Ihren Tierarzt)

Artenschutzfragen

Bundesamt für Naturschutz
Artenschutzvollzug
Konstantinstr. 110, 53179 Bonn
Tel.: 0228-8491-1311
E-Mail: citesma@bfn.de
www.bfn.de

Lufttransporte

www.petshipping.com
http://www.iata.org/whatwedo/cargo/live-animals/Pages/index.aspx

Zeitschriften

REPTILIA, TERRARIA/elaphe
Terraristik-Fachmagazine
erscheinen je sechs Mal jährlich,
mit Internetportal für Kleinanzeigen
Natur und Tier - Verlag GmbH
An der Kleimannbrücke 39/41
48157 Münster
Tel.: 0251-133390
E-Mail: verlag@ms-verlag.de
www.reptilia.de

DRACO
Terraristik-Themenheft
erscheint vier Mal jährlich
Natur und Tier - Verlag, s. o.

Sauria
Terraristik und Herpetologie
erscheint vier Mal jährlich
Terrariengemeinschaft Berlin e.V.
Bruno Treu
Gardes-du-Corps 12
14059 Berlin
E-Mail: abo@sauria.de
www.sauria.de

Interessante Internetseiten

http://www.iucnredlist.org/search
http://www.amphibianark.org
http://www.amphibiaweb.org

Verwendete und weiterführende Literatur

ALTENMÜLLER, A. (2012): Die Geschichte vom kleinen weißen Ei. – Eigenverlag

ANDREONE, F. (1991): Conservation Aspects of the Herpetofauna of Malagsy rain forests. – Zoological Society La Torbiera 2, Scientific Reports n.1

– (1992): Syntopy of *Mantella cowani* and *Mantella madagascariensis* (GRANDIDIER) in central-eastern Madagascar, with notes on the colouration in the genus *Mantella* (Anura: Mantellidae). – Boll. Mus. Reg. Sci. Nat. Torino 10(2): 421–450.

– (2008): A Conservation Strategy for the Amphibians of Madagascar Monografie XLV. – Museo Regionale di Scienze Naturali, Turin.

– & J.E. RANDRIANIRINA (2003): It is not carnival for the harlequin mantella! Urgent actions needed to conserve *Mantella cowan*i, an endangered frog from the High Plateau of Madagascar. – Froglog 59: 1–2.

– & L.M. LUISELLI (2003): Conservation priorities and potential threats influencing the hyper-diverse amphibians amphibians of Madagascar. – Italian Journal of Zoology 70: 53–63.

– & F. GLAW (2004): *Mantella laevigata*. In: IUCN 2012. IUCN Red List of Threatened Species. Version 2012.1. <www.iucnredlist.org/details/57445/0>. Downloaded on 12 August 2012.

– & – (2004): *Mantella madagascariensis*. In: IUCN 2012. IUCN Red List of Threatened Species. Version 2012.1. <www.iucnredlist.org/details/57446/0>. Downloaded on 02 April 2012.

–, C. RAXWORTHY & F. GLAW (2004): *Mantella expectata*. In: IUCN 2012. IUCN Red List of Threatened Species. Version 2012.1. <www.iucnredlist.org/details/57443/0>. Downloaded on 05 Juli 2012.

–, – & M. VENCES (2004): *Mantella viridis*. In: IUCN 2012. IUCN Red List of Threatened Species. Version 2012.1. <www.iucnredlist.org/details/57451/0>. Downloaded on 02 September 2012.

– & M. VENCES (2004): *Mantella cowanii*. In: IUCN 2012. IUCN Red List of Threatened Species. Version 2012.1. <www.iucnredlist.org/details/57441/0>. Downloaded on 22 Januar 2012.

BUSSE, K. (1981): Revision der Farbmuster-Variabilität in der madagassischen Gattung *Mantella*. – Amphibia - Reptilia 2: 23–42.

– & W. BÖHME (1992): Two remarkable frog discoveries of the genera *Mantella* and *Scaphiophryne* from the west coast of Madagascar. – Revue dàguar herpetolgie 19: 57–64.

CLARK, V.C., C.J. RAXWORTHY, V. RAKOTOMALALA, P. SIERWALD & B.L. FISHER (2005): Convergent evolution of chemical defense in poison frogs and arthropod prey between Madagascar and the neotropics. – Proceedings of the National Academy of Sciences of the USA 102: 11617–11622.

CADLE J. & C. RAXWORTHY (2004): *Mantella bernhardi*. In: IUCN 2012. IUCN Red List of Threatened Species. Version 2012.1. <www.iucnredlist.org/details/57439/0>. Downloaded on 01 September 2012.

CROTTINI, A., J.L. BROWN, V. MERCURIO, F. GLAW, M. VENCES & F. ANDREONE (2012): Phylogeography of the poison frog *Mantella viridis* (Amphibia: Mantellidae) reveals chromatic and genetic differentiation across ecotones in northern Madagascar. – Journal Zoological Systematics Evolutonary Research: 10.1111/j.1439-0469.2012.00665.x

D'CRUZE, N., J. KÖHLER, M. FRANZEN & F. GLAW (2008): A conservation assessment of the amphibians and reptiles of the Forêt d'Ambre Special Reserve, north Madagascar. – Madagascar Conservation and Development 3(1): 44–54.

Daly, J.W., N.R. Andriamaharavo, M. Andriantsiferana & C.W. Myers (1996): Madagascan Poison Frogs (*Mantella*) and their Skin Alkaloids. – American Museum Novitates 3177: 1–34

Daszak, P., L. Berger, A.A. Cunningham, A.D. Hyatt, D.E. Green & R. Speare (1999): Emerging infectious diseases and amphibian population declines. – Emerging Infectious Diseases 5: 735–748 .

Edmonds, Devin (2006a): http://mantella.amphibiancare.com/species/mantella_betsileo.html Downloaded 16.07.2012

– (2006b): http://mantella.amphibiancare.com/species/mantella_ebenaui.html Downloaded 16.07.2012

– (2006c): http://mantella.amphibiancare.com/species/mantella_haraldmeieri.html Downloaded 23.05.2012

– (2006d): http://mantella.amphibiancare.com/species/mantella_manery.html Downloaded 24.05.2012

– (2006e): http://mantella.amphibiancare.com/species/mantella_milotympanum.html Downloaded 22.06.2012

– (2009): Extended distribution of two frogs from Madagascar: *Mantella crocea* and *Mantella manery* (Anura: Mantellidae). – Herpetology Notes 2: 53–57.

Falitiana, C.E., A. Rabemananjara, Y. Crottini, F. Chiari, F. Andreone, F. Glaw, R. Duguet, P. Bora, O. Ravoahaangimalala Ramilijaona & M. Vences (2007): Molecular systematics of Malagasy poison frogs in the *Mantella betsileo* and *M. laevigata* species groups. – Zootaxa 1501: 31–44.

Glaw, F. & M. Vences (1992): Zur Biologie, Biometrie und Färbung bei *Mantella laevigata* (Methuen & Hewitt, 1913). Sauria XX: 25–30 .

– & – (2007a): A Field Guide to the Amphibians and Reptiles of Madagascar (Second Edition). – Zoologisches Forschungsinstitut und Museum Alexander Koenig, Bonn.

– & – (2007b): A Field Guide to the Amphibians and Reptiles of Madagascar (Third Edition) – Vences & Glaw Verlag, Köln .

–, K. Schmidt & M. Vences (1998): Nachzucht, Juvenilfärbung und Oophagie von *Mantella laevigata* im Vergleich zu anderen Arten der Gattung (Amphibia: Ranidae). Salamandra 36(1): 1–24.

Glaw, F., M. Vences & R. Marquez (2006): 3 CD Box: The calls of the frogs Madagascar. Alosa.

Guibe, J. (1978): Les Batraciens de Madagascar. – Bonn. Zool. Monogr. 11: 1–140.

Heying, H.E. (2001): *Mantella laevigata* (climbing Mantella). Aborted predation. – Herp. Rev. 32: 34.

Johnson M.L., L. Berger, L. Philips & R. Speare (2003): Fungicidal effects of chemical disinfectants, UV light, desiccation and heat on the amphibian chytrid Batrachochytrium dendrobatidis. – Diseases of Aquatic Organisms Dis Aquat Organ. 57: 255–260.

Jovanovic O., R. Falitiana, R. Olga, F. Andreone & F. Glaw (2007): Pocket Identification Guide Frogs Of Madagascar Genus *Mantella*. Conservation International, Universite D`Antananarivo .

–, M. Vences, G. Safarek , F.C.E. Rabemananjara & R. Dolch (2009): Predation upon *Mantella aurantiaca* in the Torotorofotsy wetlands, central-eastern Madagascar. – Herpetology Notes 2: 95–97.

Mutschmann, F. (1998): Erkrankungen der Amphibien. – Parey, Berlin.

Nussbaum R., J. Cadle & C. Raxworthy (2004): *Mantella baroni*. In: IUCN 2012. IUCN Red List of Threatened Species. Version 2012.1. <www.iucnredlist.org/details/57438/0>. Downloaded on 01 August 2012.

–, M. Vences & F. Andreone (2004): *Mantella betsileo*. In: IUCN 2012. IUCN Red List of Threatened Species. Version 2012.1.

<www.iucnredlist.org/details/57440/0>. Downloaded on 02 September 2012.

– & C. Raxworthy (2004): *Mantella haraldmeieri*. In: IUCN 2012. IUCN Red List of Threatened Species. Version 2012.1. <www. **iucnredlist.org**/details/57444/0>. Downloaded on 02 August 2012.

Oostveen, H. (1977): Persoonlike ervaringen met het rode kikkertje uit Madagaskar, *Mantella aurantiaca*. – Lacerta 36e (4): 51–55.

Pintak, T. & W. Böhme 1990. *Mantella crocea* sp. n. (Anura: Ranidae: Mantellinae) aus dem mittleren Ost-Madagaskar. – Salamandra 26(1): 58–62.

Rabemananjara, F.C.E, A. Crottini, Y. Chiari, F. Andreone, F. Glaw, R. Duguet, P. Bora, O. Ravoahangimalala Ramilijaona & M. Vences (2007): Molecular systematics of Malagasy poison frogs in the *Mantella betsileo* and *M.laevigata* species groups. – Zootaxa 1501:1–44.

Rabibisoa, N. (2008): *Mantella cowani* Action Plan Online http://www.sahonagasy.org/docs/MANTELLA%20COWANI%20ACTION%20PLAN.pdf (heruntergeladen 10.07.2012)

Raxworthy C. & F. Glaw (2004): *Mantella pulchra*. In: IUCN 2012. IUCN Red List of Threatened Species. Version 2012.1. <**www.iucnredlist.org**/details/57450/0>. Downloaded on 17 Juni 2012.

– & F. Andreone (2004): *Mantella nigricans*. In: IUCN 2012. IUCN Red List of Threatened Species. Version 2012.1. <www.iucnredlist.org/details/57449/0>. Downloaded on 12 Juli 2012.

–, M. Vences, F. Glaw, F. Andreone, N.H.C. Rabibisoa & N. Cox (2009): *Mantella manery*. In: IUCN 2012. IUCN Red List of Threatened Species. Version 2012.1. <www.iucnredlist.org/details/57447/0>. Downloaded on 23 April 2012.

Staniszewski, M. (2001): Mantellas. Edition Chimaira, Frankfurt

Tessa G., F. Mattioli, V. Mercurio & F. Andreone (2009): Egg numbers and fecundity traits in nine species of *Mantella* poison frogs from arid grasslands and rainforests of Madagascar (Anura: Mantellidae). Madagascar Conservation & Development Volume 4 (2): 113–119.

Tobler,U., B.R. Schmidt & C. Geiger (2010): *Batrachochytrium dendrobatidis*: ein Chytridpilz, der zum weltweiten Amphibiensterben beiträgt. – Posted at the Zurich Open Repository and Archive, University of Zurich. SZP 2010, 3: 112–116.

Vences, M., A. Hille & F. Glaw (1998): Allozyme differentiation in the genus *Mantella* (Amphibia: Anura: Mantellinae). – Folia Zoologica 47(4): 261–274.

-, Chiari Y., Raharivololoniaina L. & Meyer A. (2004): High mitochondrial diversity within and among populations of Malagasy poison frogs. - Molecular Phylogenetics and Evolution, 30: 295-307.

–, C. Woodhead, P. Bora & F. Glaw (2004): Rediscovery and redescription of the holotype of *Mantella manery*. – Alytes 22: 15–18.

– & R. Nussbaum (2004): *Mantella milotympanum*. In: IUCN 2012. IUCN Red List of Threatened Species. Version 2012.1. <www.iucnredlist.org/details/57448/0>. Downloaded on 02 September 2012.

–, O. Jovanovic & F. Glaw (2008): Historical analysis of amphibian studies in Madagascar: an example for increasing research intensity and international collaboration A Conservation Strategy for the Amphibians of Madagascar Monografie XLV. – Museo Regionale di Scienze Naturali – Torino XLV (2008): 47–58.

– & C. Kniel (1998): Mikrophage und myrmecophage Ernährungsspezialisierung bei madagassischen Giftfröschen der Gattung *Mantella*. – Salamandra 34: 245–254.

– & C. Raxworthy (2004): *Mantella aurantiaca*. In: IUCN 2012. IUCN Red List of Threatened Species. Version 2012.1. <**www.iucnredlist.org**/details/12776/0>. Downloaded on 17. Juli 2012.

VOYLES J., S. YOUNG, L. BERGER, C. CAMPBELL, W.F. VOYLES, A. DINUDOM, D. COOK, R. WEBB, R.A. ALFORD, L.F. SKERRATT & R. SPEARE (2009): Pathogenesis of Chytridiomycosis, a Cause of Catastrophic Amphibian Declines. – Science 326: 582–585.

WOODHEAD C., M. VENCES, D.R. VIEITES, I. GAMBONI, B.L. FISHER & RI. A. GRIFFITHS (2007): Specialist or generalist? Feeding ecology of the Malgasy poison frog *Mantella aurantiaca*. – Herpetoligical Journal 17: 225–236.

ZIMMERMANN, H. & S. HETZ (1992): Vorläufige Bestandsaufnahme und Kartierung des gefährdeten Goldfröschchens, *Mantella aurantiaca*, im tropishen Regenwald Ost-Madagaskars. – Herpetofauna. 14: 33–34.

–, E. ZIMMERMANN & P. ZIMMERMANN (1990): Feldstudie im Biotop vom Goldfröschchen, *Mantella aurantiaca*, im Tropischen Regenwald Ost-Madagaskars. – Herpetofauna 12 (64): 12–24.

Mantella viridis
Foto: A. Altenmüller